KB168621

easy BIM (건축마감편) 03

Revit 건축모델링

본 서적에 대한 온라인 동영상 강의는 페이서(pacer.kr)에서 유료로 제공됩니다.

(교재 예제 및 배포 파일 https://m.cafe.naver.com/pseb)

easy
03
건축마감편
BIM

Revit 건축모델링

김대중 저

동영상 강의
페이서
pacer.kr

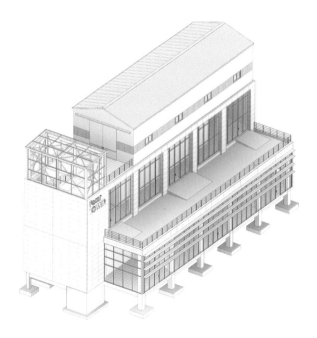

도서출판 대가

머리말

최근 모든 산업계의 가장 큰 화두는 4차 산업혁명입니다. 이에 건축산업군에도 본격적으로 기술 도입이 시작되고 있습니다. 건설업계에서도 4차 산업혁명에 맞춰서 새로운 기술 도입이 가시화되고 있습니다.

미국과 유럽 등지에서 시작된 디지털 기술의 융합은 BIM(Building Information Modeling) 이라는 새로운 용어를 만들었습니다.

3D의 도입은 다른 산업군에 비하면 굉장히 도입이 늦었다고 할 수 있습니다. 도입 초기에 예상과는 달리 제대로 사용하기 위해서는 높은 기회비용과 시간을 투자해야 한다는 것을 알게 되었습니다.

2000년 초반 도입 초기에는 많은 난관이 있었습니다. 건설업계의 요구와 실제 결과물의 비교를 통해서 많은 실무자들이 실망을 하기도 했습니다. 기존의 방식보다 저렴하지도 않고 많은 비용과 시간을 들인 결과물이 만족스럽지 않았기 때문이었습니다.

하지만 최근의 상황은 많이 변하고 있습니다. 많은 프로젝트가 파일럿 형태로 진행되고, 해외 프로젝트를 진행한 경험이 축적되면서 기술적으로 많은 발전을 하게 되었습니다. 조달청과 국토부의 계획에 따라 인력 양성 계획도 세워지면서 많은 실무자, 학생들이 이 분야에 관심을 가지게 되었습니다.

필자는 2010년 즈음에 처음으로 BIM이라는 분야를 접했습니다. 당시에 매우 놀랐던 기억이 있습니다. 실제로 사용하기까지는 몇 년이 지났지만 처음 느꼈던 느낌은 지금도 기억이 납니다.

BIM 툴 중에 대표적인 Revit을 접하면서 처음 느낌은 [어렵다.] 였습니다. 지금 이 순간에도 많은 분들이 독학을 하거나 혹은 학원, 직업 훈련 기관 등을 통해서 학습을 진행하고 있을 것으로 생각합니다.

사용하면서 [조금 더 쉽게 알려줄 수는 없는가?]에 대한 아쉬움이 있었습니다. 그러던 차에 좋은 기회가 와서 개인적으로 다수의 BIM 관련 프로젝트를 진행하게 되었습니다. 실무 경험을 살려 교육 기관에서 강사로 일하게 되었고, 기초부터 활용, 실무 과정 강의를 담당하면서 많은 고민을 했습니다.

조금 더 많은 분들이 쉽게 배울 수 있는 방법을 고민했고 카페, 유튜브 등의 채널을 운영하면서 받은 질문을 토대로 easy BIM 시리즈를 계획하게 되었습니다.

많은 분들이 쉽게 이해하고 사용하는 것에 중점을 두고 책을 만들었습니다.

페이서(Pacer.kr) 웹사이트를 통해 본 교재의 상세한 학습 내용을 동영상 강의로 만들었습니다. 필요한 사람들은 참고하길 바라며, 페이서(pacer.kr) 공식인증교재로 본서의 강의는 페이서 웹사이트에서 확인해 볼 수 있습니다. 이 책 출판에 도움을 준 도서출판 대가 김호석 대표님과 세 명의 페이서 운영진(장종구, 이동민, 김재호)에게도 진실된 감사 인사를 전합니다.

저자

김대중

목차

03

건축 바닥 작성

04

천장 작성

11

활용 예제

easy **BIM** (건축마감편) **03**

Revit 건축모델링

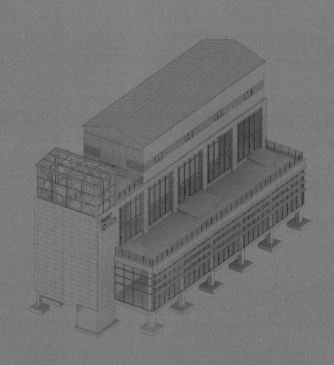

01 이 교재를 공부하기 위한 준비

- 사용하는 Revit 버전은 2016이상입니다.
- 이 교재는 기초편을 다루고 있지 않습니다.
- 기초 편 교재를 학습한 후 이 서를 보는 것을 추천합니다.
- 이 교재의 내용은 앞선 구조 편을 이어서 담고 있습니다.
- 기본 건축 마감에 대한 부분과 일람표, 도면 등의 상세한 부분을 기술하고 있습니다.
- 전문 용어는 설명을 따로 두고 있지만 더 상세한 내용은 구글이나 네이버 검색을 통해서 숙지 하시기를 권장해 드립니다.

– Revit을 이용한 마감 작업 중 1번째 작업은 내부 혹은 외부의 건축 벽 마감입니다.

– 모델링 작업을 하는 방법은 여러 가지 방법이 있지만 가장 일반적으로 재질을 작성 한 후 유형을 만드는 과정을 거치게 됩니다.

2.1 재질 작성

– 재질은 내부와 외부에 사용할 재질을 작성합니다. 재질 작성을 할 경우 두께는 고려 사항이 아닙니다.

– 모델에 사용할 재질을 작성하는 방법은 두 가지가 있습니다. 검색을 통해서 작성하는 방법과 라이브러리를 사용하는 방법입니다. 아래에서 두 가지의 방법을 알아보도록 하겠습니다.

[검색을 이용한 방법]

① **관리 탭의 재료 명령을 선택합니다.**

② 석고 보드에 사용할 재료를 만들어 보겠습니다. 재료 탐색기에서 아래의 검색 창에 [석고]를 입력합니다.

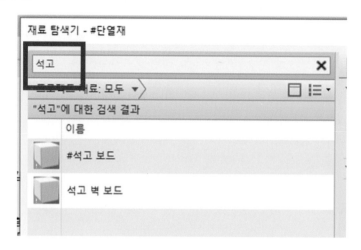

③ 재료가 검색 되면 재료를 선택 후 마우스 우 클릭한 후, 복제를 선택합니다.

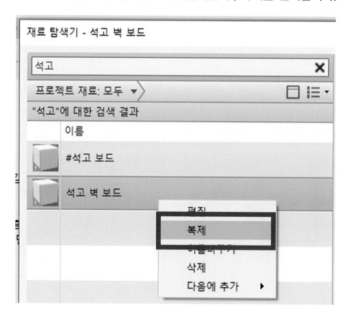

④ 재료의 이름을 [#석고 보드]로 변경합니다. 이름 변경 후 반드시 적용을 입력합니다.

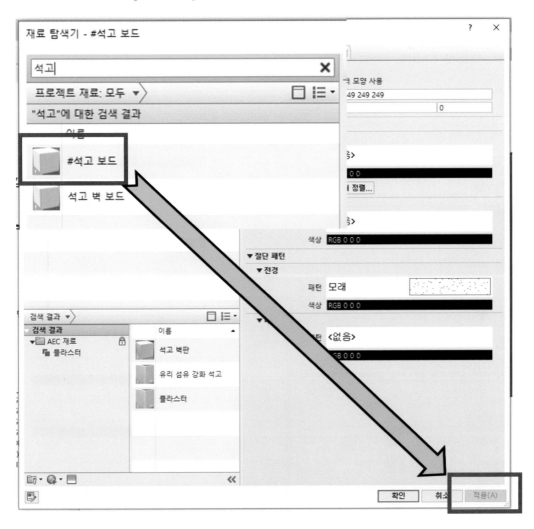

[라이브러리를 이용한 방법]

① **재료 탐색기를 실행합니다.**

② **재료 탐색기 좌측 하단의 AEC재료 밑의 석재 폴더를 선택합니다.**

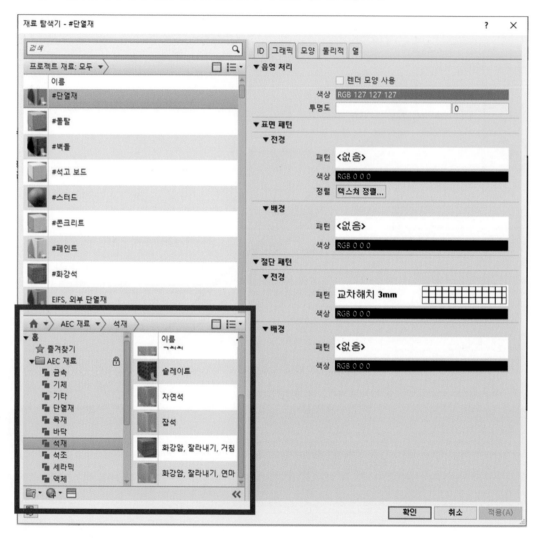

　　Revit 건축모델링

③ 화강암, 잘라내기, 거침 재료를 선택합니다.

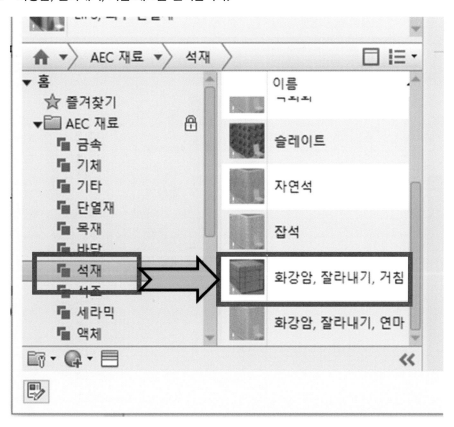

④ 라이브러리에 있는 재료를 선택하면 아래 그림과 같이 목록에 추가 할 수 있는 화살표가 나타
납니다. 이 화살표를 선택해서 목록에 추가합니다.

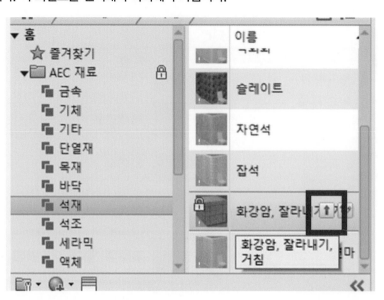

⑤ 목록에 추가된 재질을 복제합니다.

⑥ 복제된 재질(1)을 선택합니다. 재질이 음영 상에서 보이는 색상(2)을 지정합니다. 화강석의 경우 외부 마감 면에 나타나는 재질입니다. 패턴을 적용하기 위해 (3)을 선택합니다. 패턴의 유형은 (4)모델을 지정합니다. 패턴의 종류는 (5) 600 × 1200을 선택합니다.

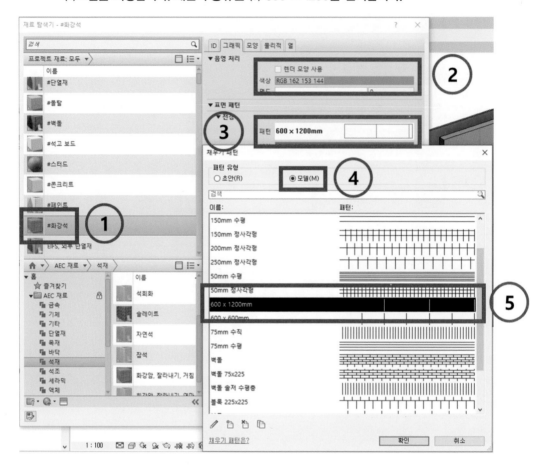

– 위의 두 가지 방법을 참고해서 아래와 같이 사용할 재질을 작성합니다.

2.2 벽 유형 작성

- 예제 프로젝트에 사용할 벽의 유형을 작성합니다.

- 내부에 사용할 벽과 외부에 사용할 벽을 나누어 작성합니다.

- 벽은 구조와 건축으로 명령이 분리가 됩니다.

- 주의할 점은 건축이 상위 개념으로 구조에서 작성한 벽은 건축 평면에서 보이지만 건축 평면에서 작성한 건축 벽은 구조 뷰에서 나타나지 않을 수 있습니다.

- 주의 할 점은 건축은 높이로 적용이 되고 구조는 깊이로 적용이 됩니다.

[단일 재료 벽]

① **건축 탭에 있는 벽을 선택합니다.**

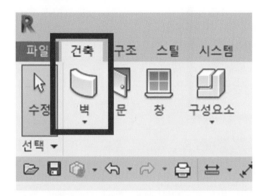

② **유형은 구조에서 사용된 벽체인 CW2를 선택합니다.**

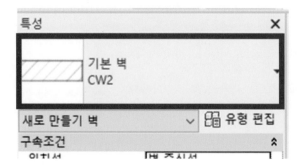

③ 옵션에서 상단 레벨을 지정합니다.

④ 평면에서 임의의 길이로 벽을 작도합니다.

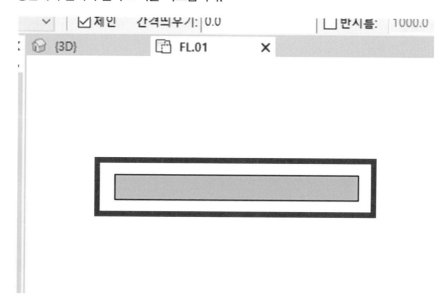

⑤ 벽을 선택 한 후 유형 편집을 적용합니다.

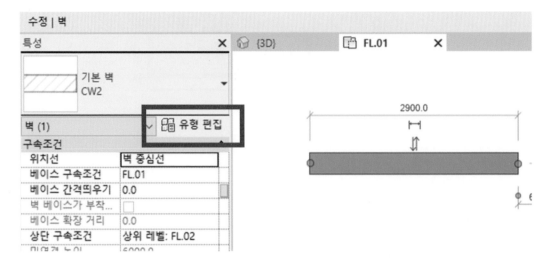

⑥ 복제 명령을 선택한 후 이름을 [T100 벽돌벽]으로 지정합니다.

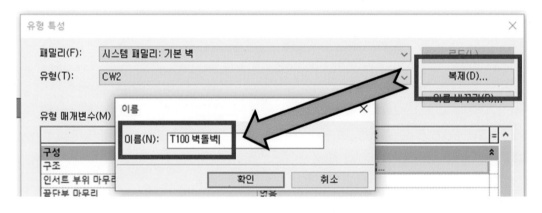

⑦ 재료와 두께를 적용하기 위해서 편집을 선택합니다.

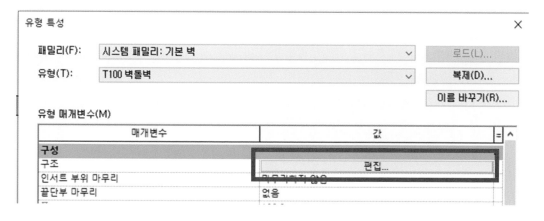

⑧ 작성한 벽돌 재질과 두께를 지정한 후 확인을 선택해서 명령을 종료합니다.

[복합 재료 벽]

- 기본적으로 마감을 위해서 두 개 이상의 재료를 벽에 구성하는 것을 말합니다.

- 예를 들어 구조 벽 위에 몰탈과 도배를 한다면 (몰탈+도배)를 묶어서 하나의 유형을 만드는 것을 뜻합니다.

- 작업의 편의성은 있으나 일람표를 통한 재료의 총합 계산에는 구조 재료만 반영이 되므로 재료가 반영되지 않는다는 단점이 있습니다.

- 벽이나 창문 등의 개구부가 설치될 경우를 위해서 코어 경계층이라는 별도의 레이어가 있으며 주 재료는 코어 경계 안쪽으로 삽입하고 마감재의 경우 코어 경계 바깥으로 배치합니다.

① 외벽인 화강석 마감을 사용하는 벽체를 만들어 보도록 하겠습니다. 사용되는 재질은 단열재와 화강석 두 개의 재질을 사용합니다.

② 위에서 작성한 벽돌 벽을 작성합니다. 길이는 중요치 않습니다.

③ 유형 편집을 실행합니다.

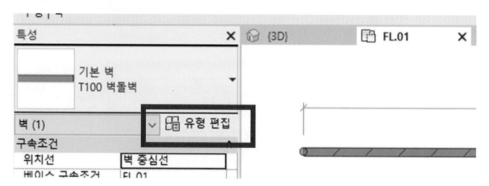

④ 복제 명령을 사용해서 유형의 이름을 [T200 화강석 마감]으로 지정합니다.

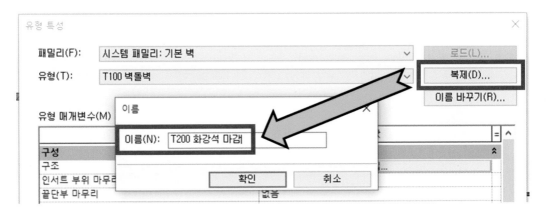

⑤ 두께와 재료를 반영하기 위해서 편집을 선택합니다.

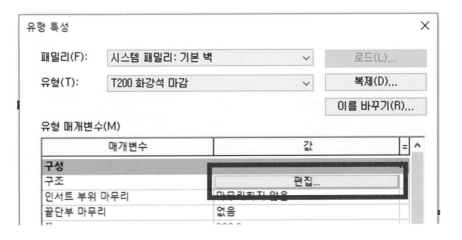

⑥ 기존 재료를 단열재로, 두께를 100으로 변경합니다.

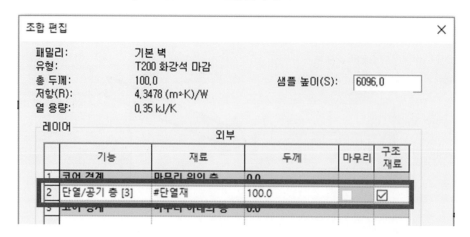

⑦ 마감 재료를 삽입하기 위해서 삽입 명령을 선택합니다. 새로운 레이어 층이 추가된 것을 확인할 수 있습니다. 레이어의 위치는 위로, 아래로 두 개의 박스를 사용해서 이동이 가능합니다.

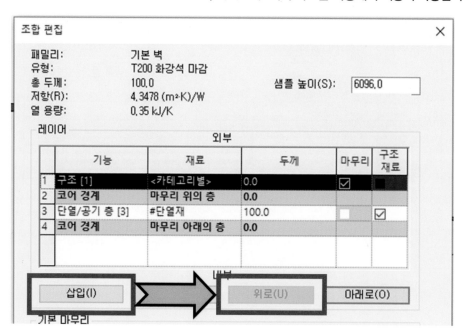

⑧   재료와 두께를 지정합니다.

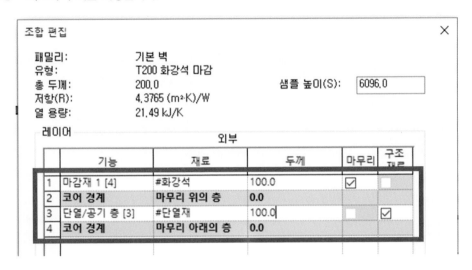

⑨   마감을 위해서 기본 마무리의 삽입과 끝 부분을 외부로 변경합니다. 미리 보기를 통해서 벽의
    완성된 모습을 확인 할 수 있습니다.

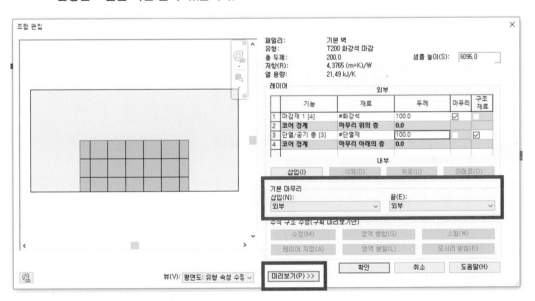

⑩ 같은 방법을 이용해서 아래의 벽들을 작성합니다.

벽 형상	레이어 종류

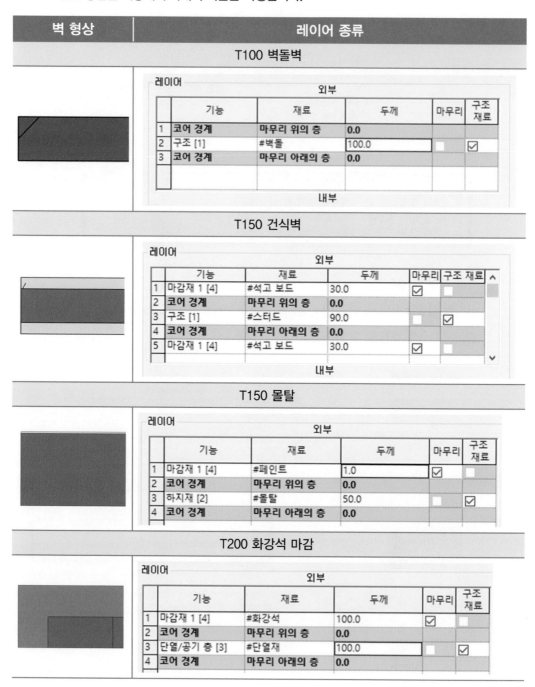

T100 벽돌벽

레이어 — 외부

	기능	재료	두께	마무리	구조 재료
1	코어 경계	마무리 위의 층	0.0		
2	구조 [1]	#벽돌	100.0	☐	☑
3	코어 경계	마무리 아래의 층	0.0		

내부

T150 건식벽

레이어 — 외부

	기능	재료	두께	마무리	구조 재료
1	마감재 1 [4]	#석고 보드	30.0	☑	☐
2	코어 경계	마무리 위의 층	0.0		
3	구조 [1]	#스터드	90.0	☐	☑
4	코어 경계	마무리 아래의 층	0.0		
5	마감재 1 [4]	#석고 보드	30.0	☑	☐

내부

T150 몰탈

레이어 — 외부

	기능	재료	두께	마무리	구조 재료
1	마감재 1 [4]	#페인트	1.0	☑	☐
2	코어 경계	마무리 위의 층	0.0		
3	하지재 [2]	#몰탈	50.0	☐	☑
4	코어 경계	마무리 아래의 층	0.0		

T200 화강석 마감

레이어 — 외부

	기능	재료	두께	마무리	구조 재료
1	마감재 1 [4]	#화강석	100.0	☑	☐
2	코어 경계	마무리 위의 층	0.0		
3	단열/공기 층 [3]	#단열재	100.0	☐	☑
4	코어 경계	마무리 아래의 층	0.0		

2.3 건축 벽 작성 방법

- 건축 벽의 작성은 구조 벽과 다르지 않습니다.
- 종류에 따라서 구분을 하게 되는데 일반 벽, 적층 벽, 커튼 월등으로 구분이 됩니다.
- 일반 벽의 경우 작성 방법은 구조 벽과 동일합니다. 각 벽체 작성 방법에 대해서 알아보도록 하겠습니다.

일반 벽(공통 사항)

- Revit에서 벽은 작성하는 방법이 같습니다.
- 이번 챕터에서는 벽의 편집에 대해서 학습하도록 하겠습니다.

[작성 방향에 따른 마감 방향]

- 벽을 작성 할 경우 구조와는 다르게 건축의 경우 방향이 존재합니다.
- 아래의 경우와 같이 시작하는 지점에 따라서 마감 면의 방향이 바뀌게 됩니다.

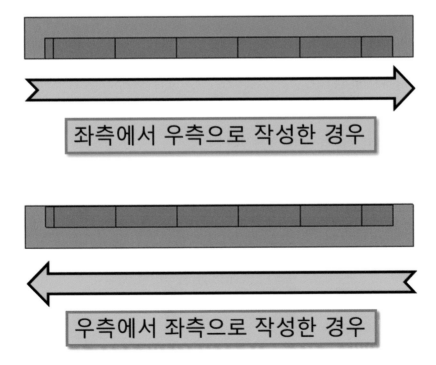

좌측에서 우측으로 작성한 경우

우측에서 좌측으로 작성한 경우

- 원치 않는 방향으로 벽이 작성된 경우에는 작성한 벽을 선택한 후 [스페이스 바]를 입력하면 방향이 반전됩니다.

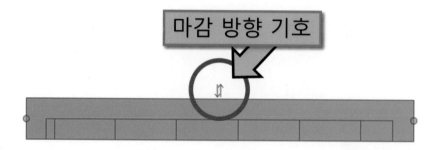

[결합 금지의 사용]

- 구조 벽의 경우는 거의 비슷한 재료를 사용합니다. 그렇기에 부재를 결합을 합니다.
- 건축의 경우는 약간 차이점이 있습니다. 도면화를 상정하고 작업을 진행하기 때문에 아래의 두 경우와 같이 작업을 진행 할 경우 벽이 자동 결합이 되어 버립니다.
- 기본적으로 같은 재료를 가진 벽은 결합이 되어도 상관 없지만 아래와 같이 각각 다른 재료를 가진 벽이 자동으로 결합될 경우 분리를 진행해야 할 수 있기 때문에 결합 금지라는 기능을 사용하게 됩니다.

① **아래의 경우는 결합 금지 사용 전 예시입니다.**

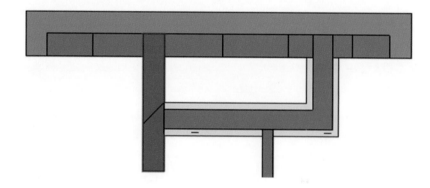

② 수직 벽돌 벽을 선택합니다. (1) 끝의 정점 위에서 마우스 우 클릭합니다. (2) 결합 금지 명령을 선택합니다.

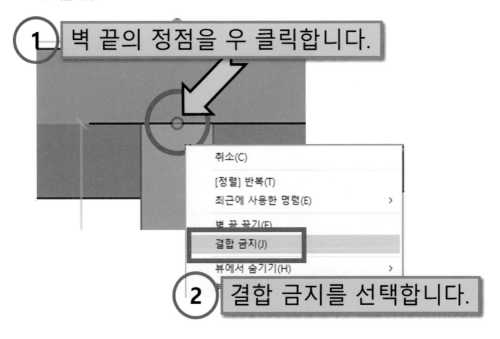

③ ALIGN(AL) 명령을 이용해서 벽체의 안쪽으로 정렬시켜 줍니다.

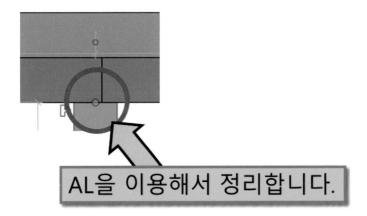

④ 그림에 보이는 아이콘은 결합 금지 표식이며, 표식을 선택하면 결합 금지가 취소가 됩니다.

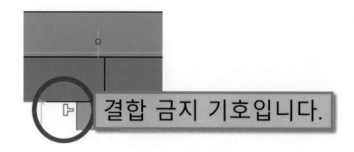

결합 금지 기호입니다.

⑤ 결합 금지를 사용해서 벽의 결합을 아래와 같이 변경할 수 있습니다.

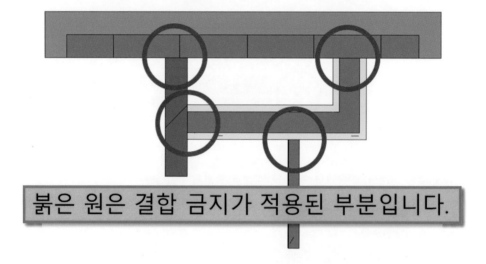

붉은 원은 결합 금지가 적용된 부분입니다.

⑥ 아래 기둥과 벽의 결합 부분을 결합 금지를 적용하면 모서리 부분의 강제 결합을 막을 수 있습니다.

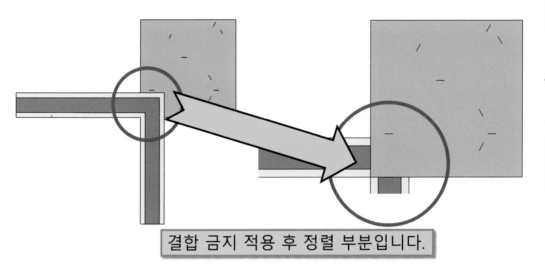

결합 금지 적용 후 정렬 부분입니다.

[벽 프로파일의 사용]

- 벽을 이용해서 마감 작업을 진행해 보면 개구부를 만들어 주거나 모서리 부분에 곡선을 집어 넣어야 할 경우가 있습니다.
- 이 경우에는 벽 프로파일 편집을 이용해서 작업을 진행 할 수 있습니다.
- 벽 프로파일은 아래 우측과 같이 곡선이 적용된 벽은 편집을 할 수 없습니다.

적용 가능

적용 불가능

－ 사용하는 방법은 아래와 같습니다.

① 작업 뷰를 3D 혹은 입면도를 선택합니다. 벽의 측면이 보이는 뷰를 지정합니다. 일반적으로
3D뷰를 사용하는 것이 좋습니다.

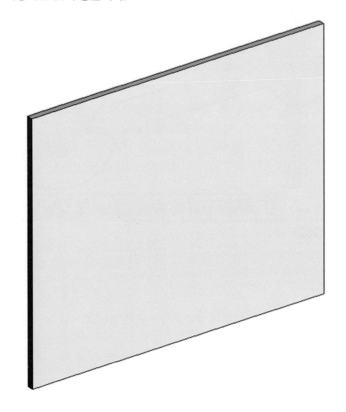

② 작업할 벽을 선택합니다.

③ 리본 메뉴의 프로파일 편집을 선택합니다. 벽 외곽선이 나타납니다.

④ 경사를 적용하거나 원을 스케치합니다. 주의 점은 폐곡선(닫힌 상태)에서만 적용이 됩니다.

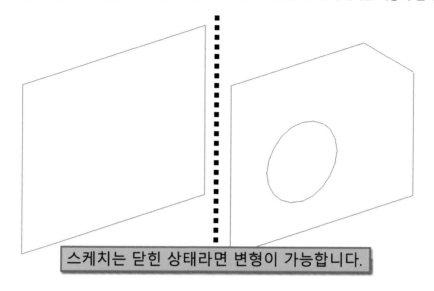

스케치는 닫힌 상태라면 변형이 가능합니다.

⑤ 완성된 모습입니다.

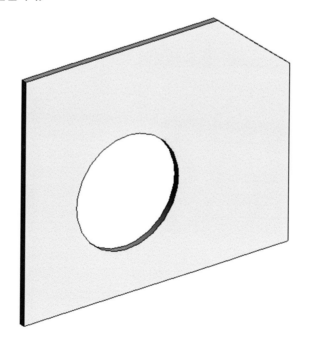

⑥ 취소하거나 원상 복귀를 해야할 경우 해당 벽을 선택한 후 프로파일 재설정을 선택합니다.

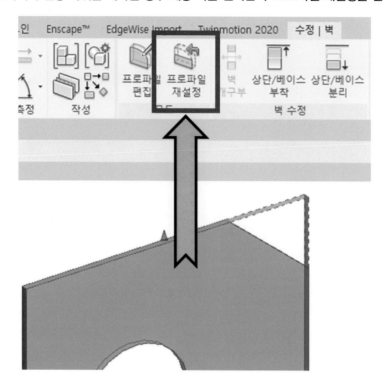

⑦ 원 모습으로 돌아온 것을 확인 할 수 있습니다.

2.4 커튼 월(Curtain Wall)

- 현대 건축에서 가장 많이 사용되는 공법입니다.
- Revit에서 커튼 월은 벽으로 분류 합니다.

| 커튼 월 기초

커튼 월 기본 작성 방법

커튼 월의 구성은 다음과 같습니다. ⇨ 커튼 패널, 커튼 그리드, 멀리언으로 구성되어 있습니다.

커튼 월 작성

[커튼 월 유형 만들기]

- 커튼 월은 기본 적으로 벽으로 분류됩니다.
- 양쪽 끝을 [AL(Align)], 드래그를 이용해서 커튼 월의 길이 조정이 가능합니다.
- 원하는 위치에 놓기 위해서 [MV(Move)]를 사용할 수 있습니다.
- 아래의 예를 이용해서 간단한 커튼 월을 작성해 보겠습니다.

① [건축] 탭의 [벽]을 선택합니다. 유형을 [커튼 월]로 변경합니다.

② 유형을 [복제]하고 임의로 이름을 지정합니다. 복제를 하는 이유는 같은 이름을 지정 할 경우에 변경사항이 모든 객체에 적용되는 것을 막기 위해서 입니다.

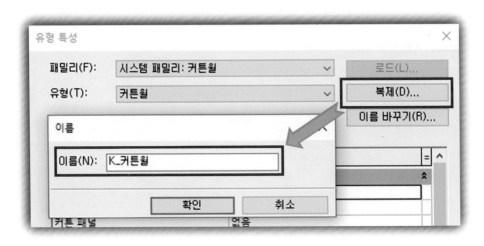

③ [자동으로 내장]을 체크하고 확인을 누릅니다. 자동으로 내장이라는 기능은 벽에 커튼 월을 삽입할 경우 자동으로 벽에 개구부를 작성하게 됩니다.

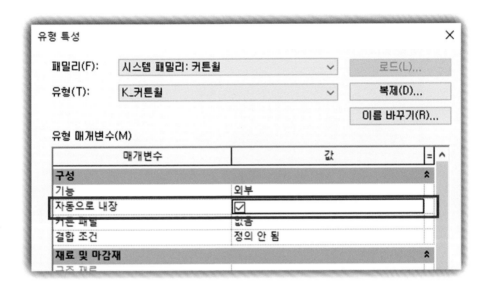

[커튼 월 작성]

① [상단 구속]을 변경합니다. 한 층만 작성하는 경우는 일반 벽체와 동등하게 레벨을 설정합니다.
여러 개의 층을 한 번에 작성할 때는 레벨에 맞게 설정합니다.

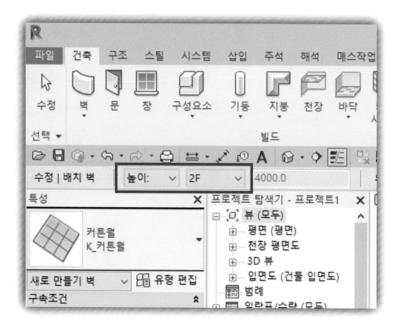

② 순서대로 클릭하여 커튼 월을 작성합니다.

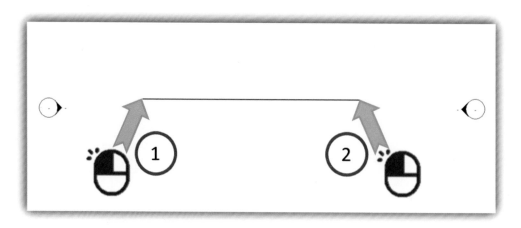

- 그리는 순서에 따라 외부 위치가 달라집니다. 커튼 월을 그릴 때는 작성 순서를 유의합니다.

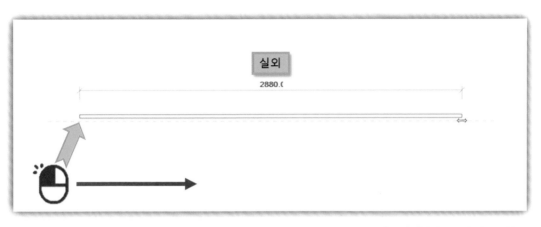

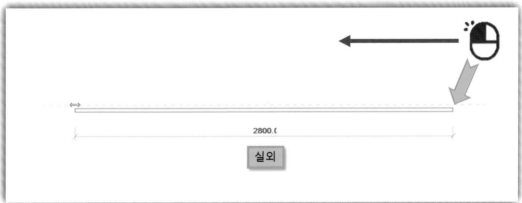

- 마감의 방향이 반대로 작성된 경우에는 커튼 월을 선택한 후 [스페이스 바]를 이용하여 방향을 전환합니다.

[작성된 커튼 월 선택]

–   선택은 평면에서 선택하는 경우와 입면에서 선택하는 경우 두 가지로 나눌 수 있습니다.

①   평면 뷰 : 마우스 커서를 커튼 월 양 끝 단에 가져가면 다음과 같은 파란색 점선이 보입니다.
     점선이 보일 때 클릭하면 커튼 월이 선택됩니다.

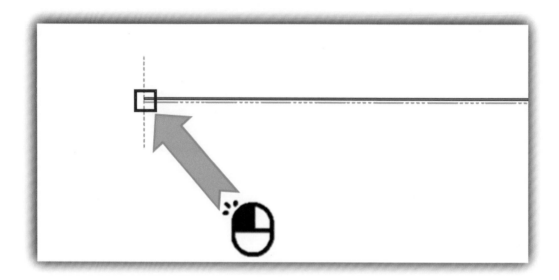

② 입면 뷰 : 커튼 월 패널과 모서리에 마우스를 가져가면 테두리를 따라 파란색 점선이 보입니다. 이 상태에서 클릭하면 커튼 월이 선택됩니다.

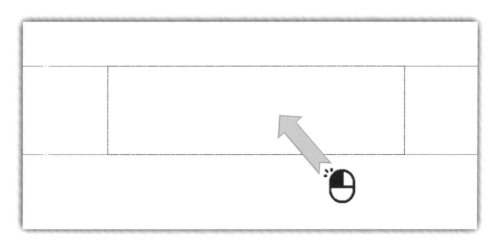

③ 3D : 커튼 월 패널과 모서리에 마우스를 가져가면 다음과 같은 파란색 점선 박스가 보입니다. 이 경우 클릭하면 커튼 월이 선택됩니다.

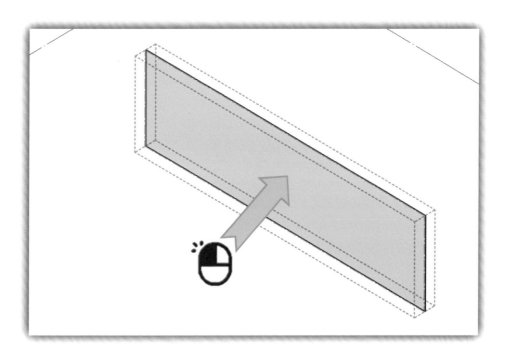

[결합 금지의 사용]

- 실제 모델링을 진행하면 커튼 월이 벽체와 연결되며 작성됩니다.

- 커튼 월은 벽이기 때문에 연결된 벽과 자동으로 결합됩니다.

- 불필요한 결합은 모델링 작업을 방해 할 수 있습니다. 이를 방지하기 위해서 커튼 월 양 끝단에 [결합 금지]를 적용해 줍니다.

- 사용 방법은 아래와 같습니다.

① **커튼 월을 선택하여 양쪽 끝에 있는 파란 색 정점을 우 클릭합니다.**

② **[결합 금지]를 선택합니다.**

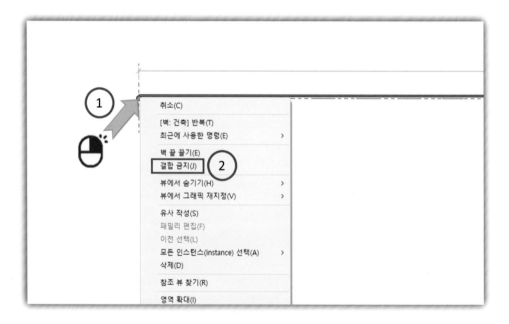

커튼 그리드 작성

- 커튼 월의 창호 프레임을 [멀리언]이라고 합니다. 멀리언을 작성하는 기준이 되는 선을 [그리드]라고 합니다.
- 그리드는 입면에서 작성을 기본으로 합니다.

① [남측면도]로 이동합니다.

② [건축] 탭의 [커튼 그리드]를 선택합니다.

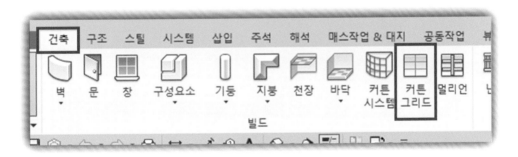

③ **커튼 월에 마우스를 가져가면 가상 그리드 라인이 나타납니다.**

- 커튼 월의 수직 멀리언을 만들 때는 상하 모서리 표시된 영역에 마우스를 가져갑니다.

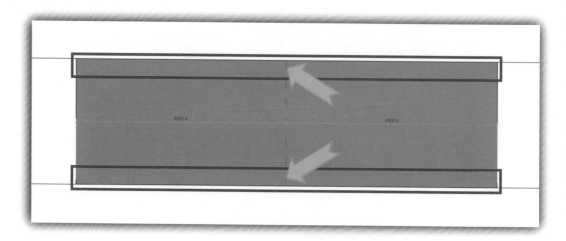

- 수평 멀리언을 만들 때는 좌우 모서리 표시된 영역에 마우스를 가져갑니다.

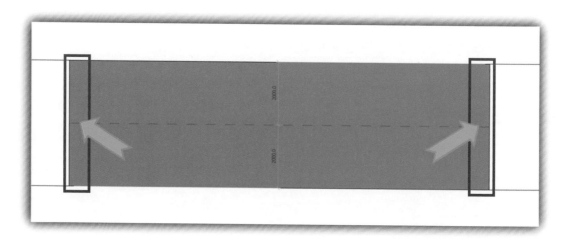

④ 가상 그리드 라인이 나타났을 때 마우스를 클릭하면 그리드가 작성됩니다. 다음과 같이 임의의 위치에 그리드를 작성합니다.

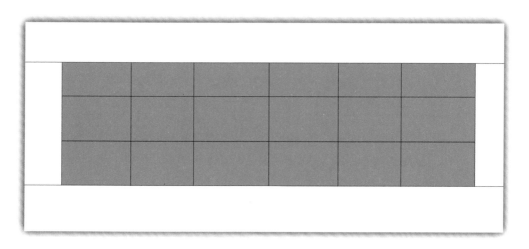

멀리언 작성

[멀리언 유형 적용]

① [3D]로 이동합니다.

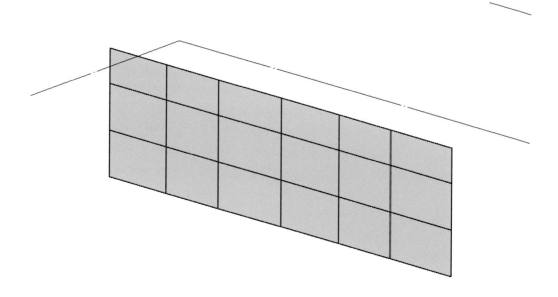

② [건축] 탭의 [멀리언]을 선택합니다.

③ 상단에 [모든 그리드 선]을 선택합니다.

④ 커튼 월에 마우스를 가져가면 파란 점선이 나타납니다. 이때 커튼 월을 선택하면 멀리언이
적용됩니다.

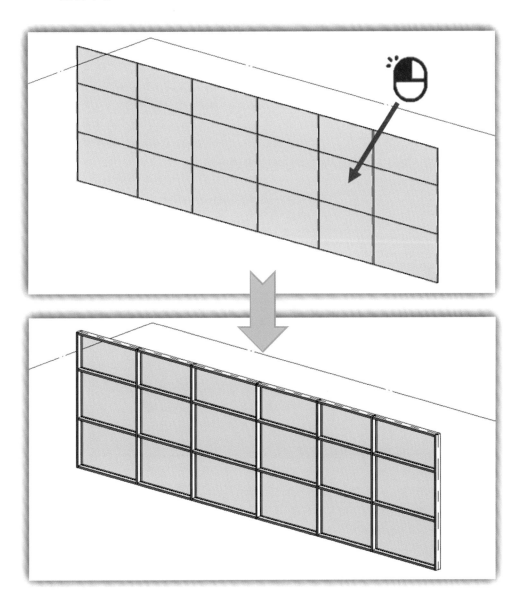

커튼 월 변형

[프로파일 편집]

- 커튼 월의 형상은 [프로파일 편집]을 사용하여 작성합니다. 프로파일 편집은 스케치 기반입니다.

① **[남측면도]로 이동합니다.**
② **커튼 월을 선택하고 상단에 [프로파일 편집]을 클릭합니다.**

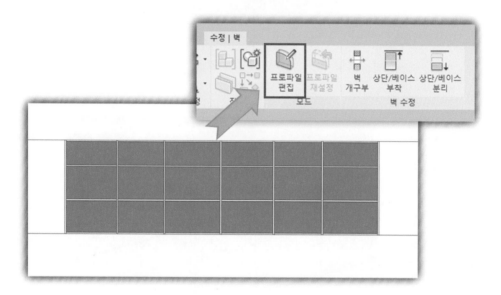

③ 다음과 같이 임의로 스케치를 편집합니다.

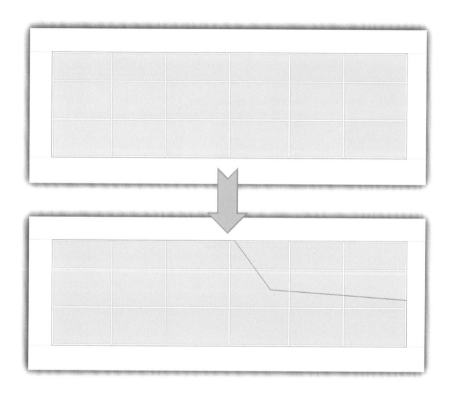

④ 완료를 누르면 오류 창이 나타납니다.

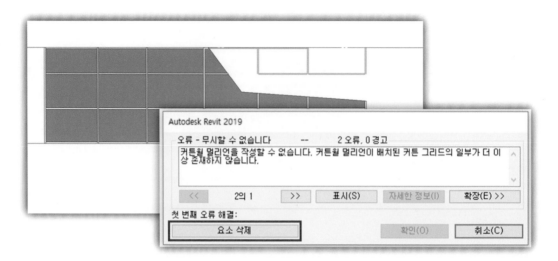

Revit 건축모델링

⑤ [요소 삭제]를 선택하면 멀리언이 삭제됩니다.

⑥ [3D]로 이동하여 삭제된 멀리언을 확인합니다.

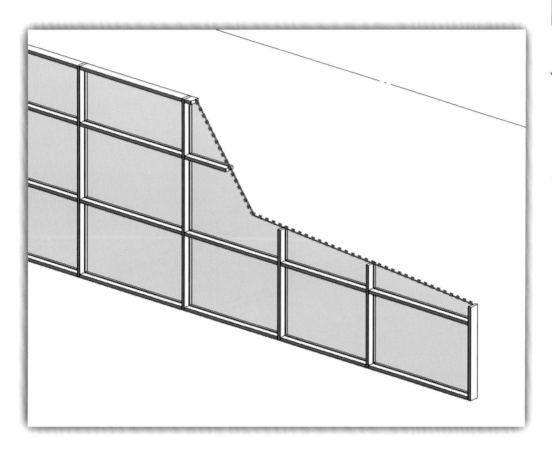

⑦ [건축] 탭의 [멀리언]을 선택하고 [모든 그리드 선]으로 멀리언을 재작성합니다.

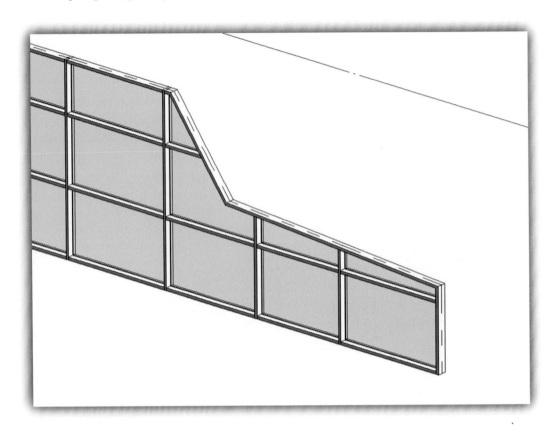

Revit 건축모델링

- 커튼 월의 형상을 원래대로 되돌릴 때는 [프로파일 재설정]을 사용합니다.

① 형상을 되돌릴 커튼 월을 선택합니다.

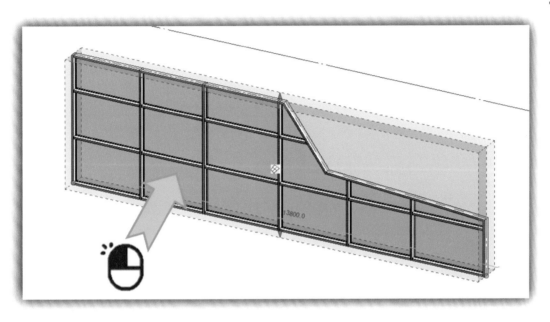

② 상단에 [프로파일 재설정]을 선택합니다.

③ 멀리언이 작성되어 있는 커튼 월의 경우 다음과 같은 오류 창이 나타납니다. [요소 삭제]를 선택합니다.

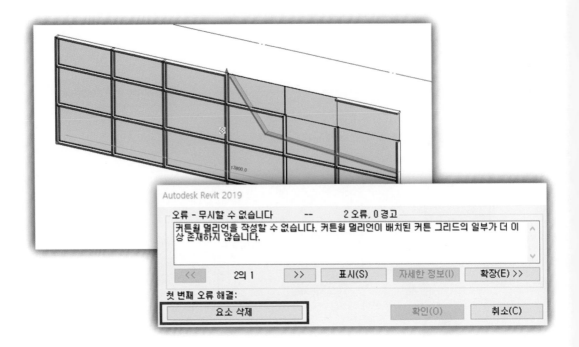

④ 복구된 커튼 월에 멀리언을 작성합니다.

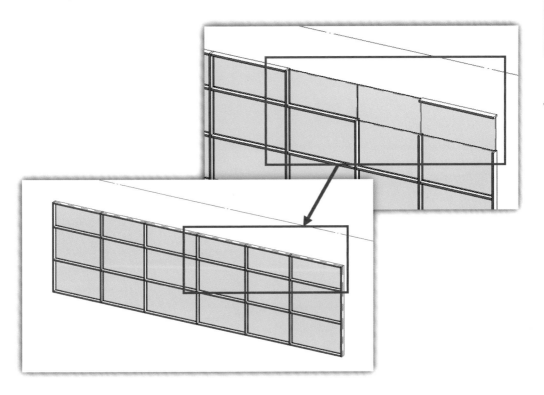

패널 변경

－ 원하는 위치의 패널을 [솔리드 패널]로 변경합니다.

① 원하는 패널 위에 마우스를 가져갑니다. 키보드의 [TAB]을 눌러 패널을 선택합니다.

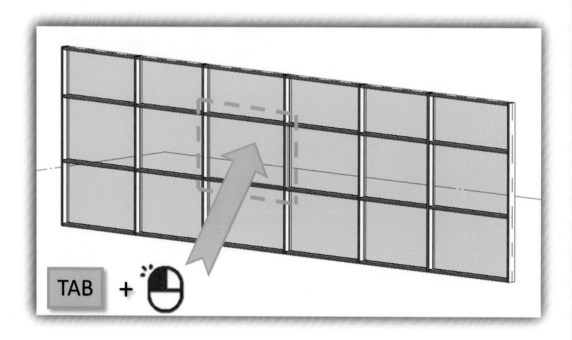

② [특성] 창에서 유형을 [솔리드]로 변경합니다.

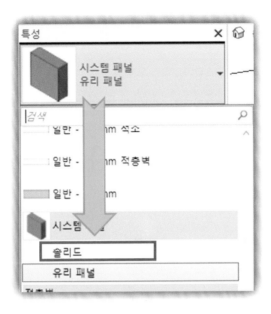

③ 변경된 패널을 확인합니다.

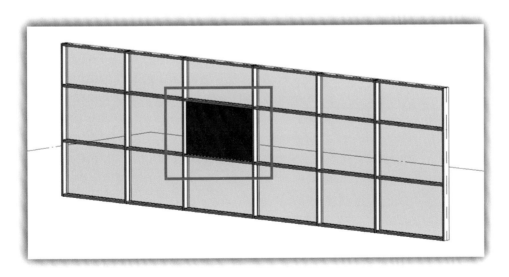

그리드 수정

[그리드 위치 이동]

① [TAB]을 사용하여 이동할 그리드를 선택합니다.

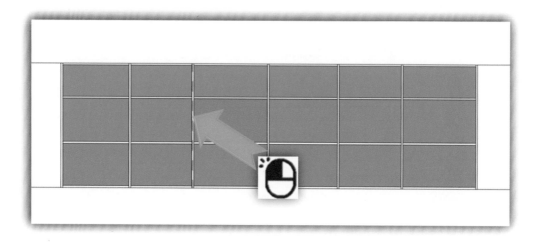

② 임시 치수가 나타나면 선택하여 값을 입력합니다.

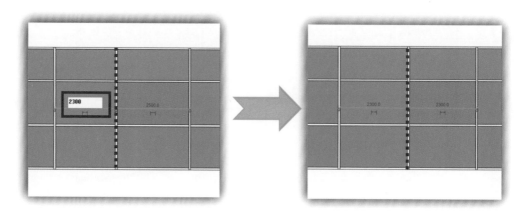

③ **등 간격으로 그리드를 정리할 때는 치수선을 활용합니다.**

- [수정] 탭의 [측정]에서 [정렬 치수]를 선택합니다. 혹은 [DI(Dimension)]를 사용합니다.

- 그리드를 하나씩 선택합니다.

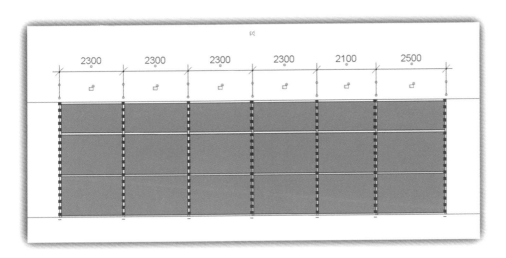

- 치수선 위의 [EQ]를 선택합니다.

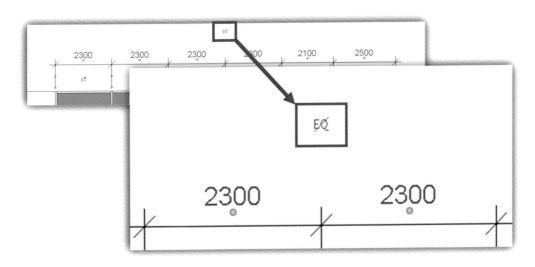

- 등 간격으로 변경된 것을 확인합니다.

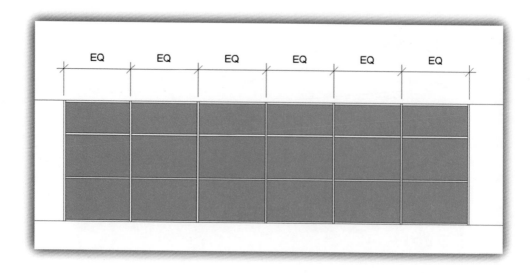

- 등 간격 그리드를 부분적으로 수정할 때는 치수선을 삭제하고 수정합니다.

[그리드 선 라인 삭제]

① 해당 그리드를 선택합니다.

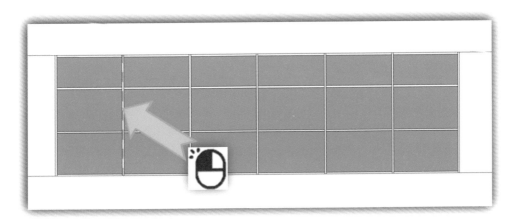

② 키보드의 [DEL]을 입력하거나, [삭제]를 선택합니다.

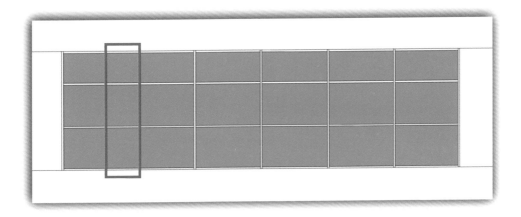

[그리드 선 부분 삭제]

① 해당 그리드를 선택합니다.

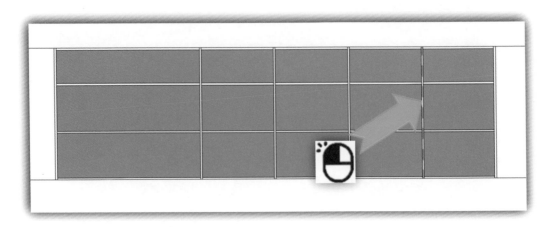

② 상단의 [세그먼트 추가/제거]를 선택합니다.

③ 삭제할 그리드 부분을 선택합니다.

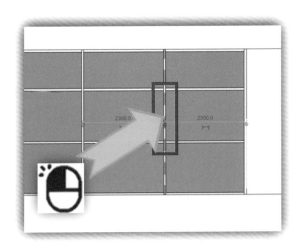

④ 오류 창이 나타나면 [요소 삭제]를 선택합니다.

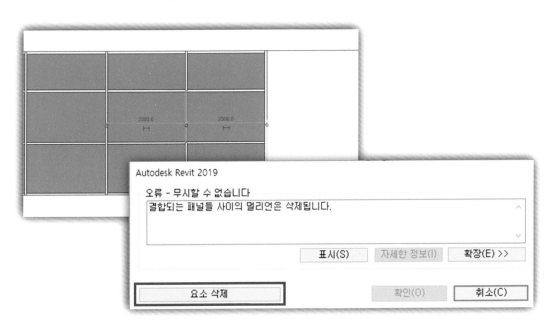

⑤ [ESC]를 누르고 삭제된 그리드를 확인합니다.

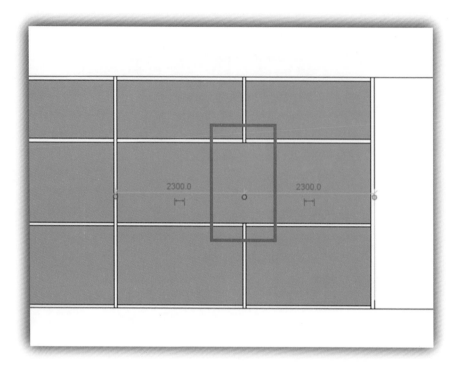

- [세그먼트 추가/제거]는 이미 그려진 그리드를 수정하는 작업입니다.

- 기존에 그리드를 생성하지 않은 패널에는 작성되지 않습니다.

① **되살릴 그리드 라인을 선택합니다.**

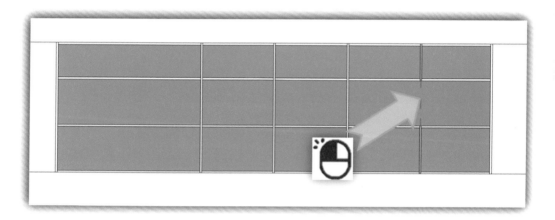

② **상단의 [세그먼트 추가/제거]를 선택합니다.**

③ 되살릴 그리드 부분을 선택하면 그리드가 생성됩니다.

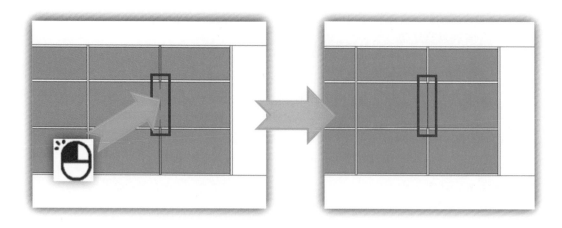

④ 멀리언을 생성합니다.

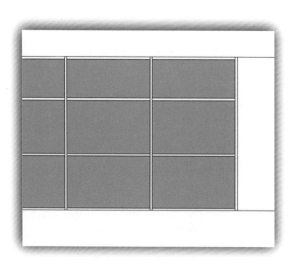

멀리언 수정

[멀리언의 유형 만들기]

① [프로젝트 탐색기] 창에서 [패밀리]-[커튼 월 멀리언]-[직사각형 멀리언]을 확장합니다.

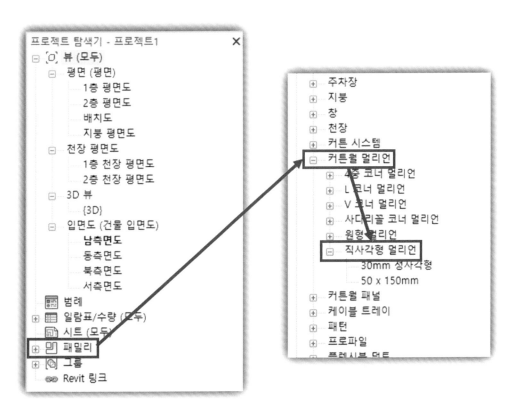

② [50 × 150mm]를 우 클릭하여 복제합니다.

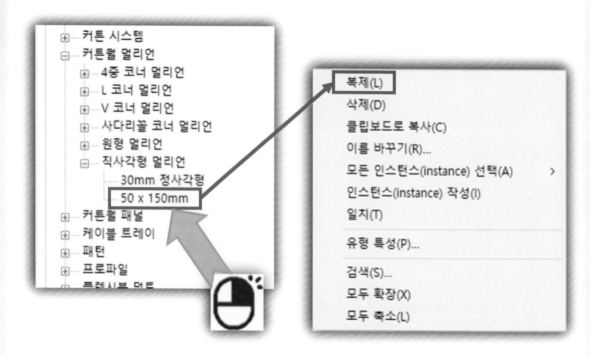

Revit 건축모델링

③ 더블클릭하여 이름을 [60 × 200mm]로 변경합니다.

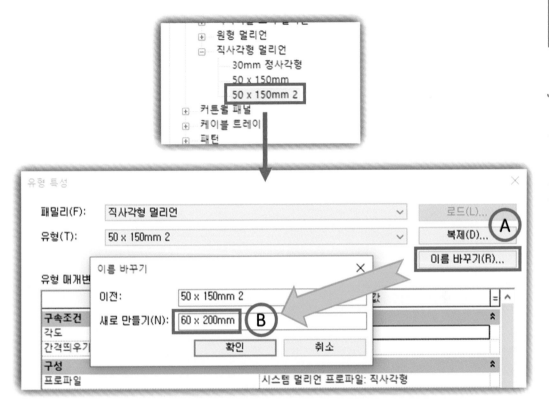

‒ [두께]와 [사이드 2의 폭] & [사이드 1의 폭]을 변경합니다.

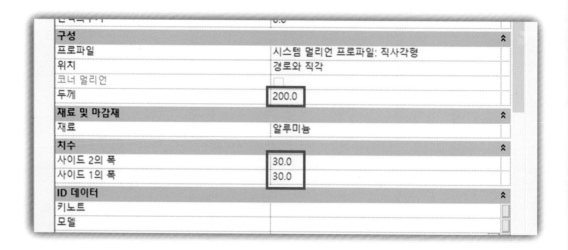

‒ [두께]는 커튼 월 벽체의 두께를 입력합니다.

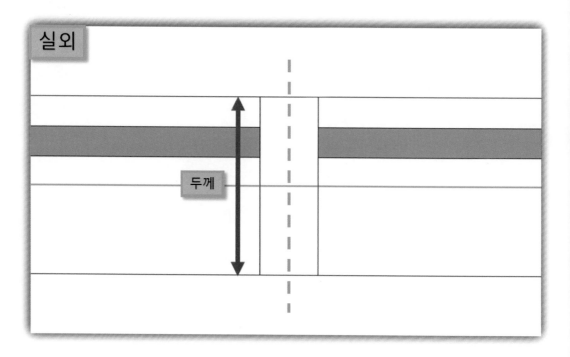

- [사이드 2의 폭]은 멀리언 폭의 중심에서 우측으로의 폭을 입력합니다.

- [사이드 1의 폭]은 멀리언 폭의 중심에서 좌측으로의 폭을 입력합니다.

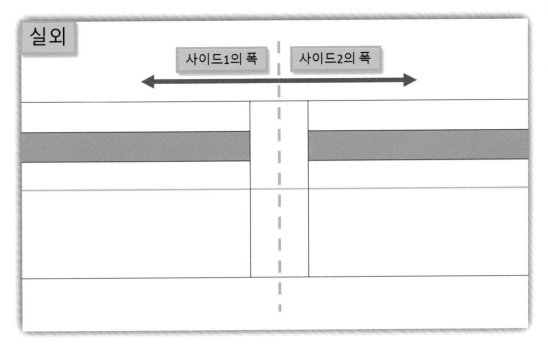

[작성된 멀리언 변경]

① 변경할 멀리언을 선택합니다.

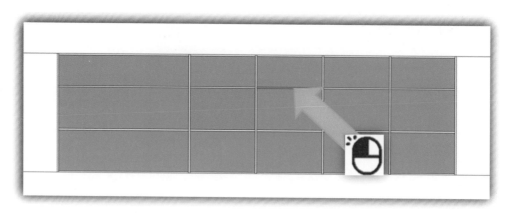

② 우 클릭하여 [멀리언 선택]–[그리드 선에서]를 선택합니다.

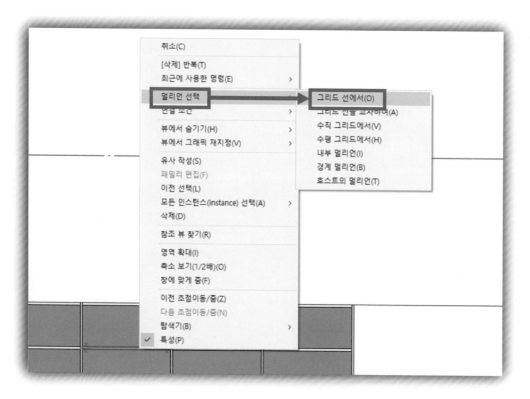

③ [특성] 창에서 유형을 [60 × 200mm]으로 변경합니다.

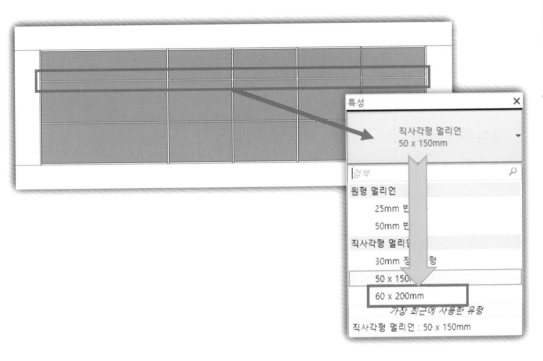

④ 변경된 멀리언을 확인합니다.

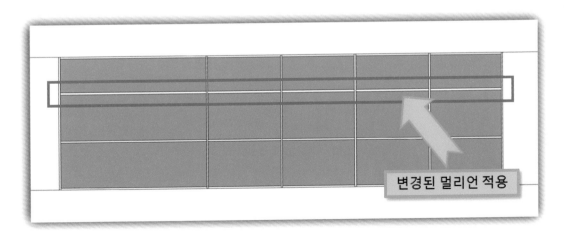

┃ 커튼 월 활용

루버 커튼 월

– 멀리언과 빈 패널을 활용하여 루버를 작성합니다.

수직 루버 작성

[커튼 월 작성]

① 새로운 프로젝트 창을 열어서 작성합니다.

② [건축] 탭의 [벽]에서 [커튼 월]을 선택합니다. 상단 구속을 변경하고 다음과 같이 작성합니다.

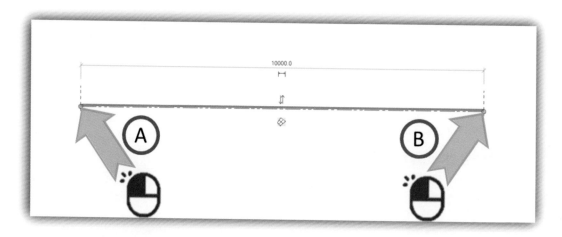

③ [3D]에서 커튼 월을 선택하고 유형 편집에서 [K_커튼 월]을 복제합니다.

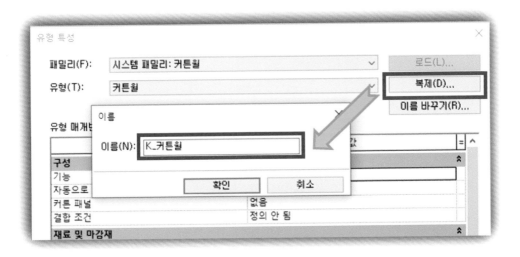

④ [자동으로 내장]을 체크합니다.

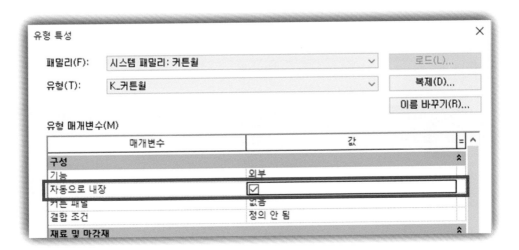

⑤ [수직&수평 그리드]를 [고정 개수]로 변경합니다. [특성] 창에서 그리드 개수를 조절할 수 있습니다.

⑥ [수직&수평 멀리언]을 [50 × 150mm]로 변경합니다. 멀리언을 원하는 유형으로 자동으로 적용합니다.

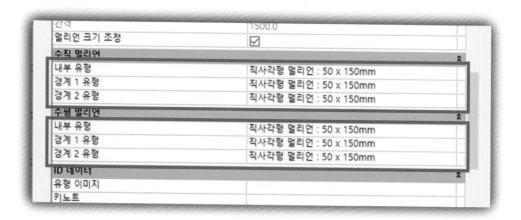

     –   수직 멀리언 위치 : [경계 1유형]은 커튼 월의 방향과 상관없이 작성 시 처음 클릭한 지점입니다.

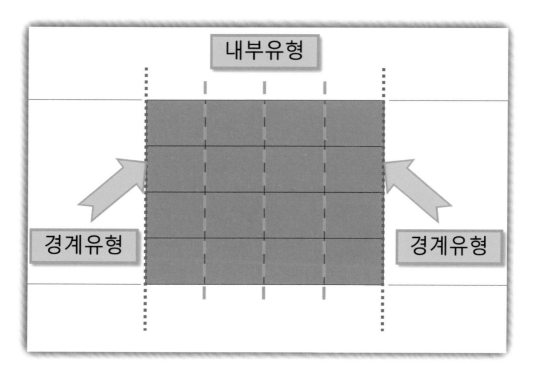

– 수평 멀리언 위치 : [경계 1유형]은 하단 수평 그리드 위치입니다.

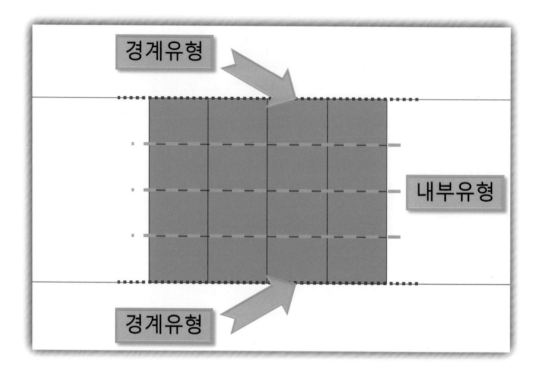

– 커튼 월의 길이와 형태를 변경할 때, 그리드와 멀리언이 자동으로 변경하게 하려면 [유형 편집] 창에서 그리드와 멀리언을 적용합니다.

⑦ 커튼 월을 선택하고 [특성] 창 [번호]에 그리드 개수를 입력합니다.

– 수직 그리드 : 5 / 수평 그리드 : 1

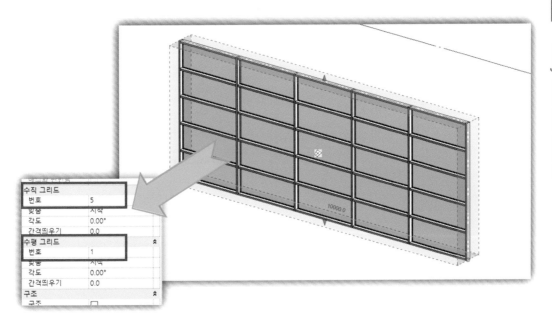

⑧ 변경된 커튼 월을 확인합니다.

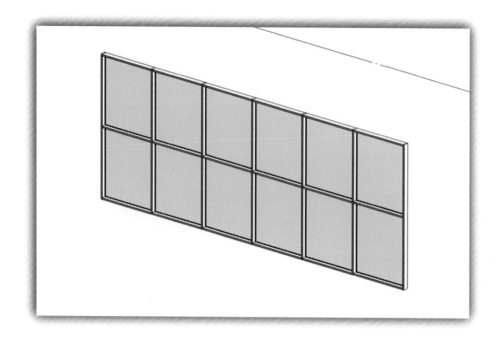

[패널 및 멀리언 유형 만들기]

– 루버 커튼 월을 작성하기에 앞서, 루버에 적용할 [패널]과 [멀리언]의 유형을 만들어줍니다.

① **패널은 패밀리를 가져와서 작성합니다.**

– [삽입] 탭에서 [패밀리 로드]를 선택합니다.

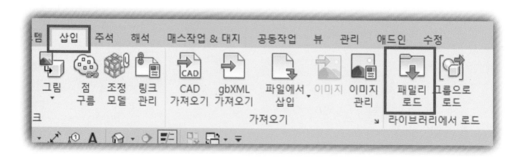

－ [커튼 월 패널]–[커튼 패널]–[빈 패널]을 선택하고 [열기]를 선택합니다.

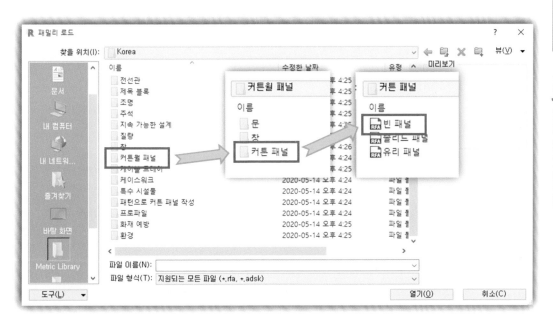

② **멀리언은 유형을 복제하여 작성합니다.**

－ [프로젝트 탐색기] 창에서 [커튼 월 멀리언]–[직사각형 멀리언]–[50 × 150mm]를 복제합니다.

－ 이름을 [50 × 500mm]로 변경하고 두께에 [500]을 입력합니다.

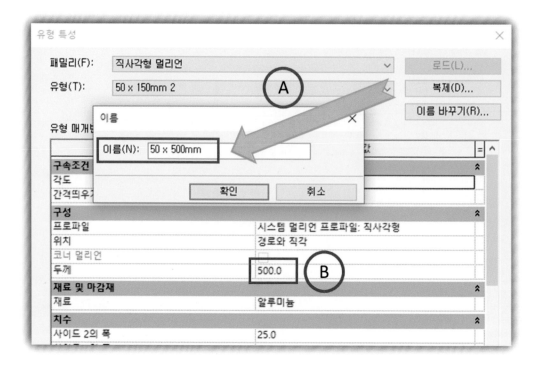

[루버 커튼 월 작성]

① 커튼 월을 복제합니다.

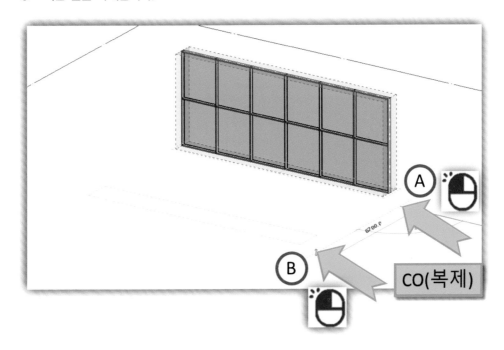

② 복제한 커튼 월의 유형을 [K_루버]로 변경합니다.

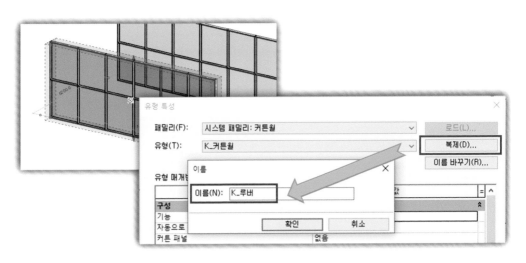

③ [커튼 패널]을 [빈 패널 : 빈 패널]로 변경합니다.

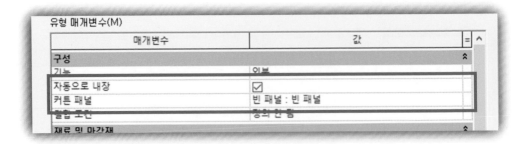

④ [수평 그리드]와 [수평 멀리언]을 [없음]으로 변경합니다.

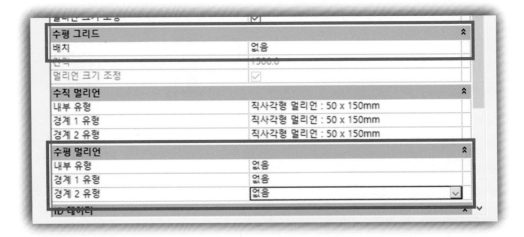

⑤ [수직 그리드]는 [고정 개수]로, [수직 멀리언]은 [50 × 500mm]로 변경합니다.

－ 수직 루버를 작성할 경우, [수직 그리드]와 [수직 멀리언]만 설정합니다.

⑥ 오류 창이 나타나면 [그리드 선 삭제]를 선택합니다.

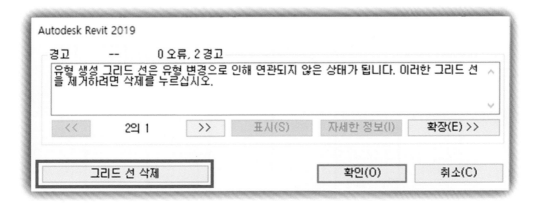

⑦   호스트의 멀리언을 모두 선택하고 상&하 수평 멀리언을 삭제합니다.

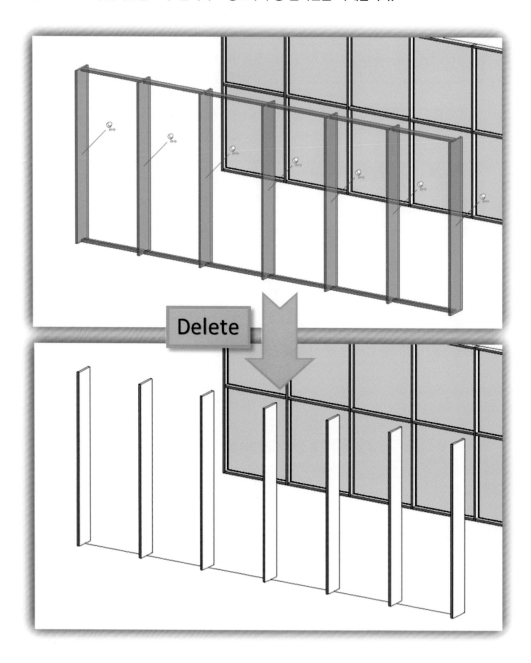

[루버 완성]

① [평면도] 뷰로 이동합니다.

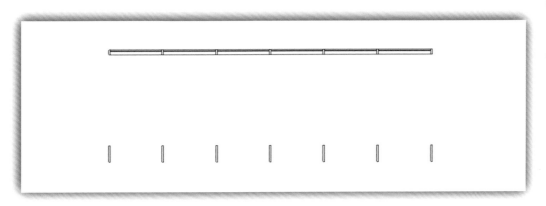

② 루버 커튼 월을 선택하여 [MV(이동)]합니다.

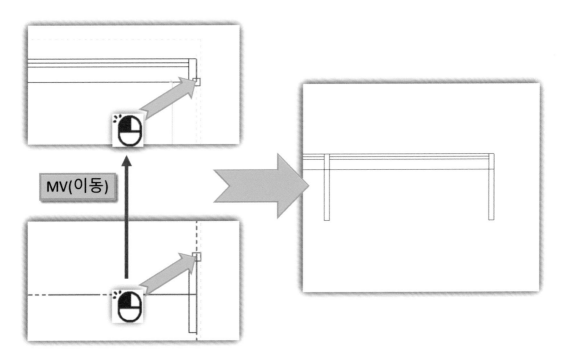

－ [AL(정렬)]을 사용한 커튼 월 위치 이동은 불가합니다.

③ [3D]를 확인합니다.

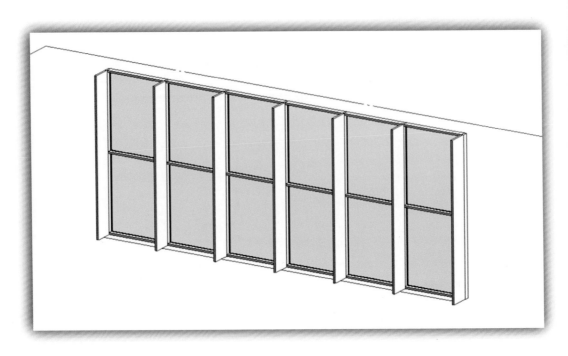

배연 창 루버 작성

– 수직 루버 커튼 월을 응용하여 수평 루버를 만듭니다.

– 커튼 월의 원하는 위치의 패널을 수평 루버 유형으로 변경하여 배연 창을 만듭니다.

[수평 루버 만들기]

① [평면도] 뷰로 이동하여 [커튼 월]을 작성합니다.

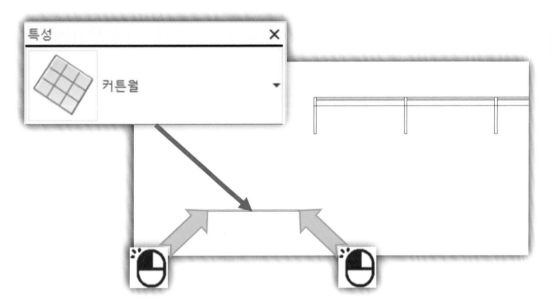

② [3D]로 이동하고 커튼 월의 유형을 [K_배연창 루버]로 변경합니다.

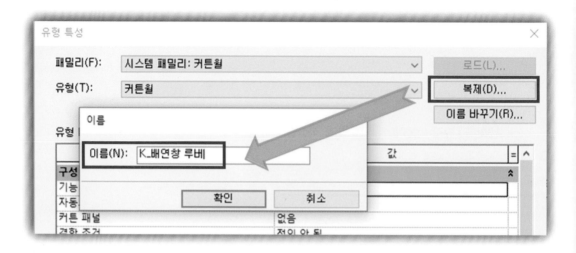

③ 수직 루버와 마찬가지로 [자동으로 내장]과 [커튼 패널을] 설정합니다.

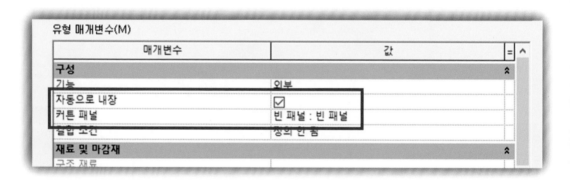

④ 수평 루버 작성을 위해 [수평 그리드]와 [수평 멀리언]을 설정합니다.

– [경계 유형]은 설정하지 않습니다.

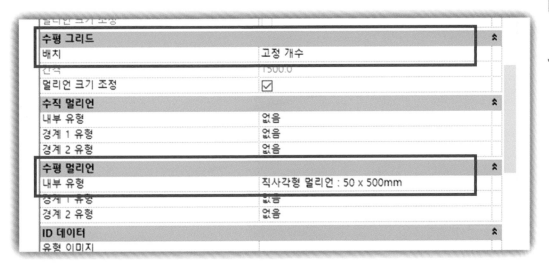

⑤ [3D]로 이동하여 작성된 유형을 확인합니다.

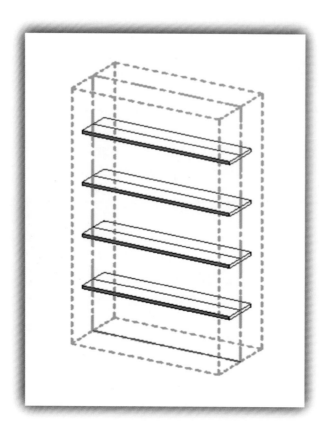

Revit 건축모델링

① 원하는 위치의 패널에 마우스를 가져가고 [TAB]을 이용하여 선택합니다.

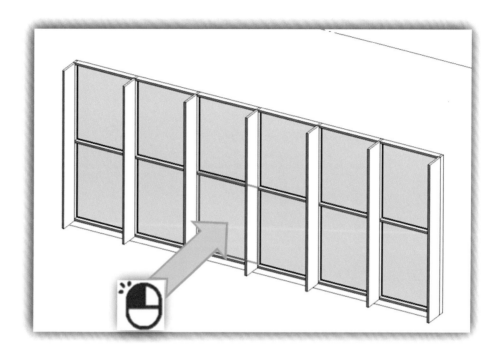

② [특성] 창의 유형을 아래로 내려서 [K_배연창 루버]로 변경합니다.

－ [커튼 월 패널]의 유형은 [커튼 월] 유형으로도 변경할 수 있습니다.

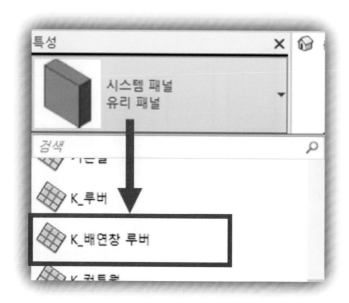

③ 배연 창이 적용된 패널을 선택하여 [수평 그리드]–[번호]에서 개수를 조정합니다.

[루버 경사]

– 멀리언 유형을 복제하고 수정하여 배연 창 루버 경사를 줍니다.

① [프로젝트 탐색기] 창에서 멀리언 유형을 복제하여 [50 × 500mm _경사]를 만듭니다.

② [유형 편집]에서 각도에 [45]를 기입합니다.

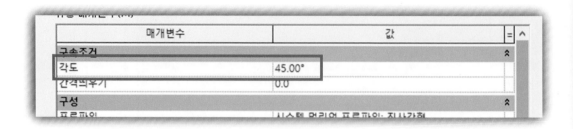

③ [K_배연창 루버]를 선택하고 [유형 편집]에서 멀리언을 [50 × 500mm_경사]로 적용합니다.

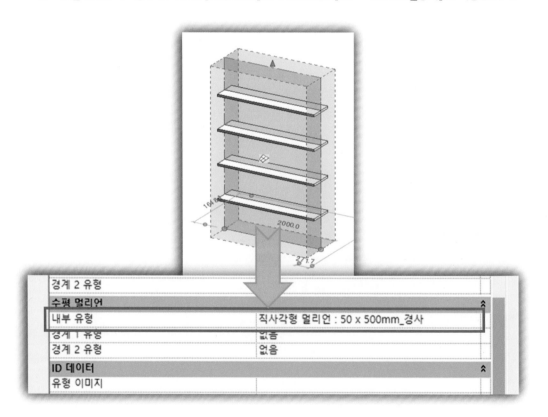

④ 결과물을 확인합니다.

히든 바 커튼 월 작성

– 히든 바의 멀리언 유형은 [패밀리]를 사용합니다.

[커튼 월 작성]

① 새로운 프로젝트 창을 열어서 작성합니다.

② [K_커튼 월]을 유형을 만들어 [자동으로 내장]을 체크합니다.

③ 다음과 같이 작성합니다.

④ [3D]에서 [커튼 그리드]를 사용하여 그리드를 생성합니다.

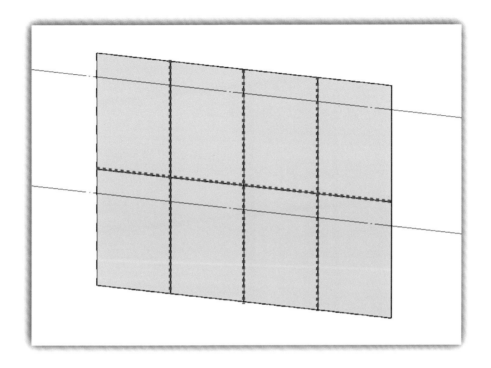

⑤ [멀리언]을 사용하여 멀리언을 작성합니다.

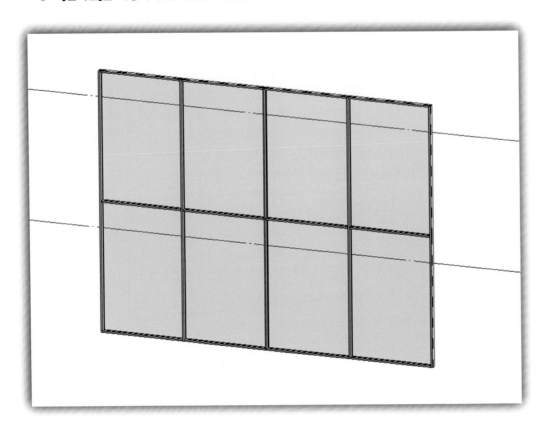

[멀리언 프로파일 패밀리 작성]

– 내부 수직 멀리언을 히든 바로 변경합니다.

– 멀리언 유형을 만들기 전에 [프로파일 패밀리]를 만듭니다.

① [파일] 탭의 [새로 만들기] 옆 삼각형을 누르고 [패밀리]를 선택합니다.

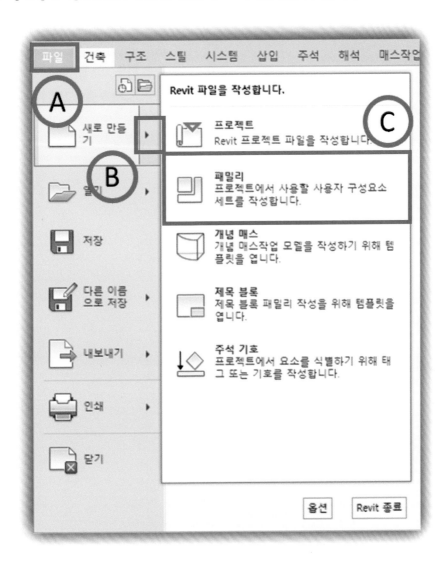

② [미터법 프로파일]을 선택하여 열어줍니다.

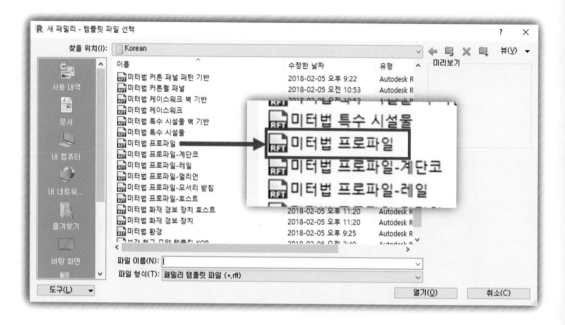

- [프로파일]은 히든 바 멀리언의 [단면 형상]을 작성합니다.
- 십자 선의 교차점이 프로젝트에 로드 했을 때의 원점입니다.

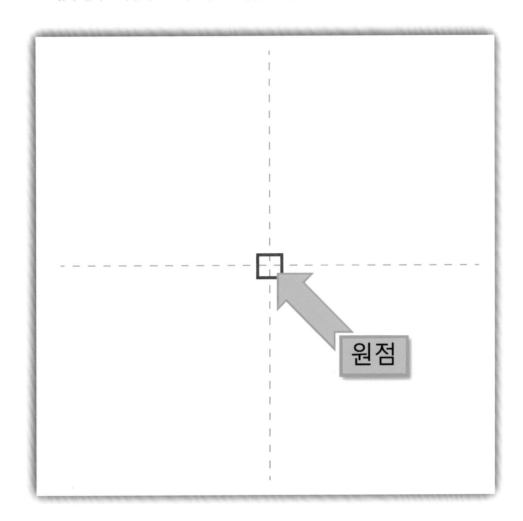

원점

③ [작성] 탭의 [선]을 선택하여 다음과 같이 작성합니다.

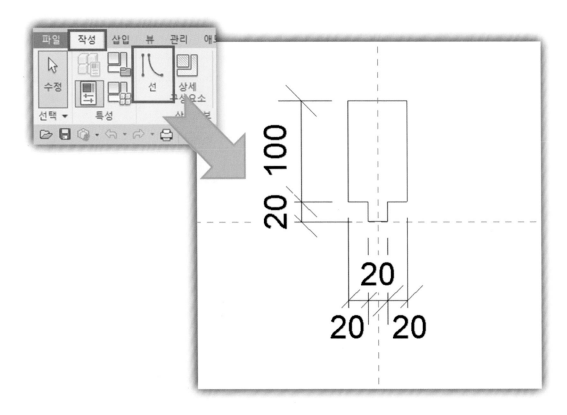

④ 상단에 [프로젝트에 로드]를 선택합니다.

⑤ [프로젝트 탐색기] 창에서 [패밀리]-[프로파일]-[패밀리1]을 열어서 로드 된 것을 확인합니다.

[멀리언 유형 작성]

① [프로젝트 탐색기] 창에서 [커튼 월 멀리언] 유형 [50 × 150mm]를 복제합니다.

② [K_히든바 멀리언]으로 이름을 변경하고, [프로파일]을 방금 작성한 [패밀리1]로 변경합니다.

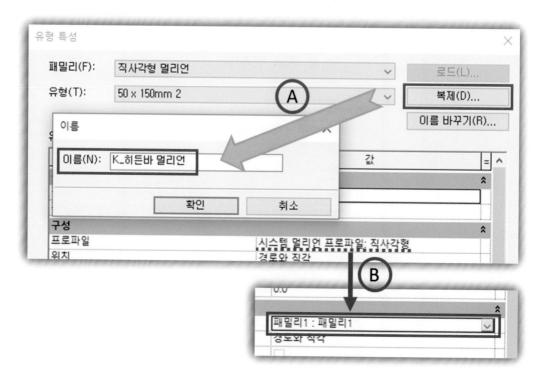

③ 우 클릭하여 수직 그리드 선의 멀리언을 모두 선택합니다.

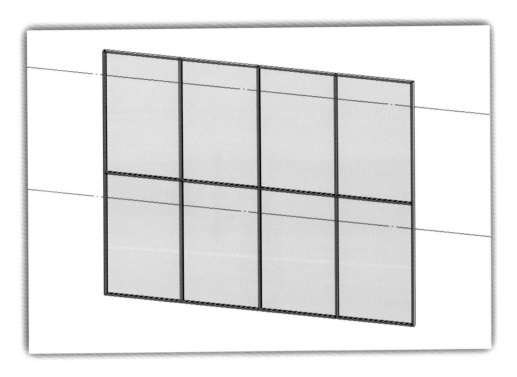

④ [특성] 창에서 유형을 [K_히든바 멀리언]으로 변경합니다.

⑤ [평면도]를 확인하여 히든 바의 위치를 조정합니다.

－ 히든 바 멀리언을 선택하고 [유형 편집]에서 간격 띄우기 값을 [45]로 변경합니다.

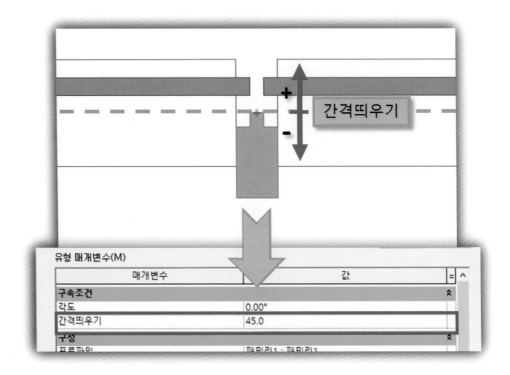

– 커튼 패널을 선택하고 간격 띄우기 값에 [35]를 입력하고, 두께를 [20]으로 변경합니다.

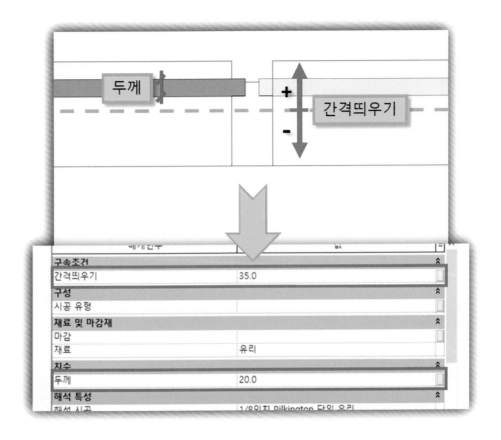

⑥ 결과물을 확인합니다.

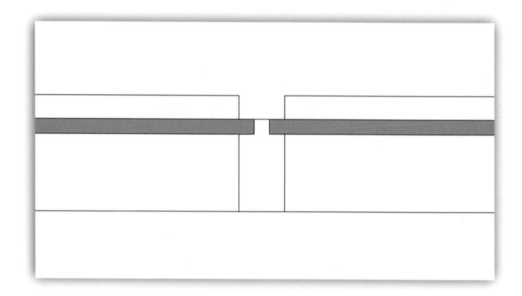

⑦ [3D]를 확인하여 멀리언의 결합 방식을 변경합니다.

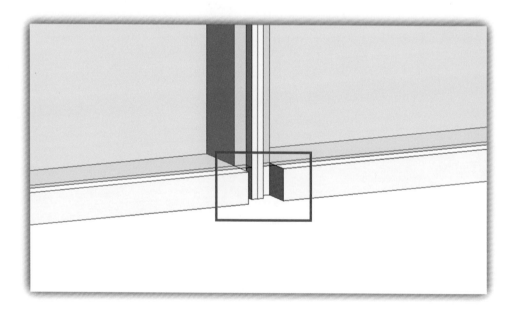

– 수평 멀리언을 선택하고 상단의 [결합]을 선택합니다.

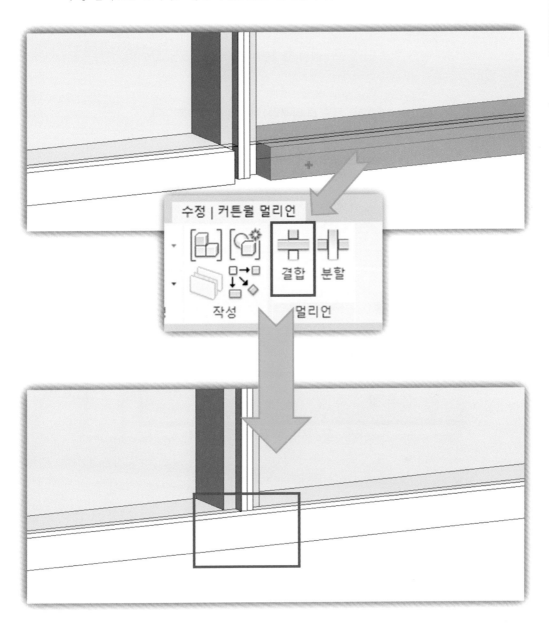

| 커튼 월 심화

곡선 커튼 월 작성

– 곡선 커튼 월은 [점포 앞]을 사용하여 작성합니다.

① [건축] 탭의 [벽]을 선택하고 커튼 월 아래의 [점포 앞]을 선택합니다.

② 그리기를 아크 모양으로 선택하여 작성합니다.

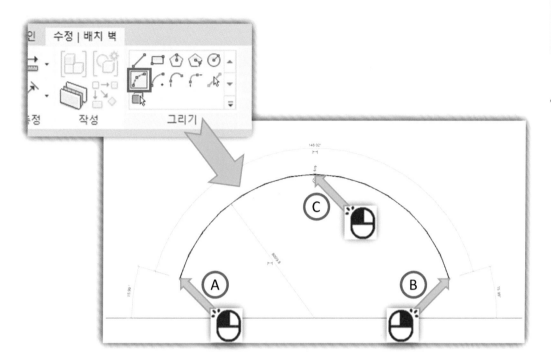

③ [3D]를 확인합니다.

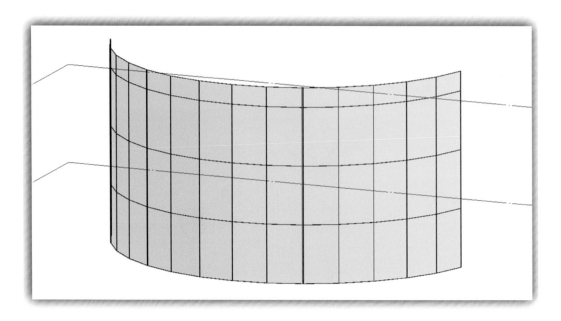

④ [건축] 탭의 [멀리언]을 작성합니다.

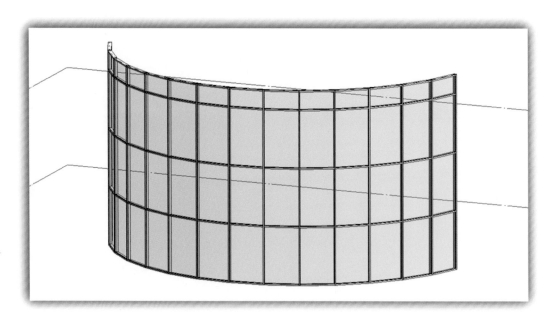

− [점포 앞]으로 작성한 유리의 경우, 완벽한 호의 모양이 아닌 직선입니다.

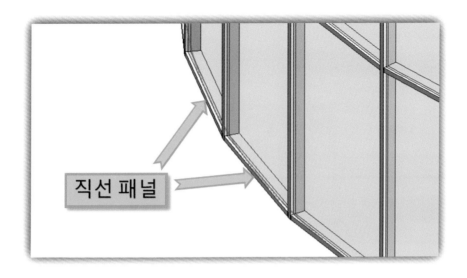

직선 패널

− 더욱 세밀한 원의 형태를 원할 경우 그리드의 간격과 숫자를 조정합니다.

경사 커튼 월 작성

- 경사진 커튼 월은 [지붕]의 [경사 유리]를 사용하여 작성합니다.

① [건축] 탭의 [지붕]을 선택하고 [경사 유리]를 선택합니다.

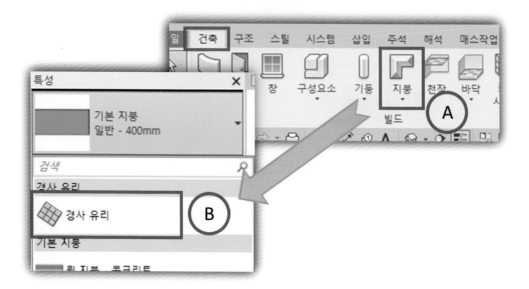

② **다음과 같이 스케치합니다.**

– 경사 커튼 월의 하단이 될 부위에 [경사 정의]를 체크합니다.

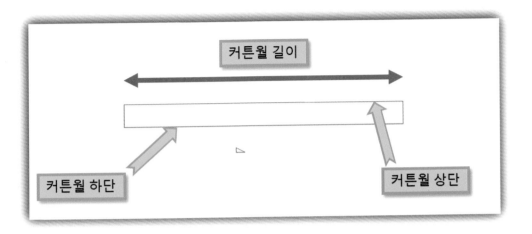

③ **완료를 누르고 측면으로 이동하여 확인합니다.**

④ 경사 유리를 선택하고 [특성] 창에서 [각도]를 변경하여 높이를 조정합니다.

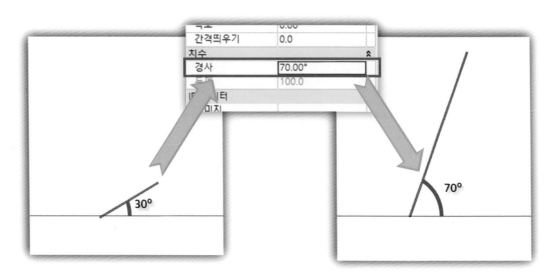

⑤ [3D]로 이동하여 [건축] 탭의 [그리드]와 [멀리언]을 작성합니다.

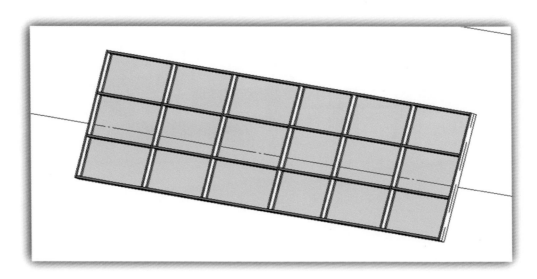

비정형 커튼 월 작성

– 비정형은 [내부 매스]를 사용하여 [커튼 시스템]으로 작성합니다.

[매스 작성]

① **[매스작업 & 대지] 탭에서 [내부 매스]를 선택합니다.**

② **이름을 지정하고 확인을 누릅니다.**

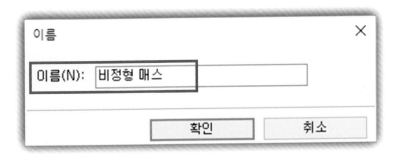

③ [사각형]을 선택하고 스케치합니다.

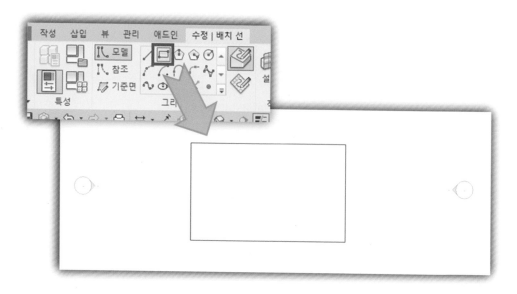

④ 스케치 선을 선택하고 상단에 [양식 작성]을 선택합니다

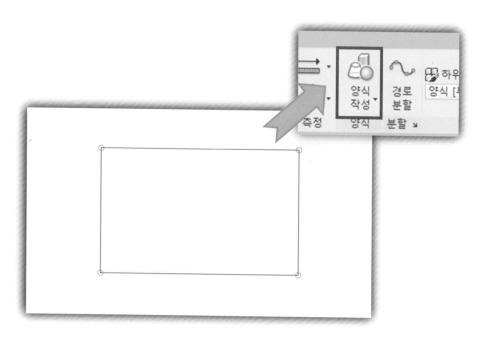

⑤ [3D]로 이동하여 박스의 면, 선, 점을 선택하고 모양을 왜곡시킵니다.

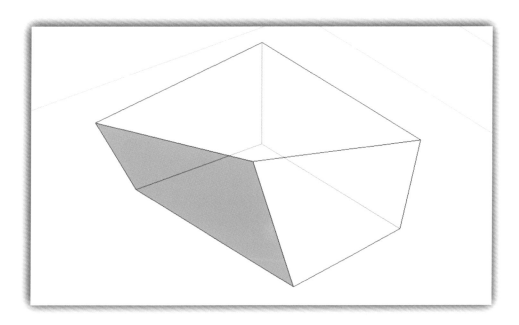

⑥ 상단에 [매스 완료]를 선택합니다.

[커튼 시스템 작성]

① [매스작업 & 대지]에서 [커튼 시스템]을 선택합니다.

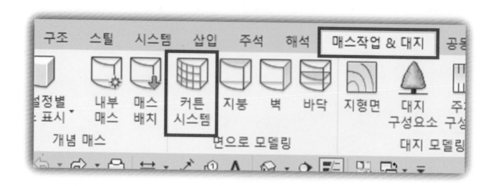

② 원하는 면을 선택하고 상단에 [시스템 작성]을 선택합니다.

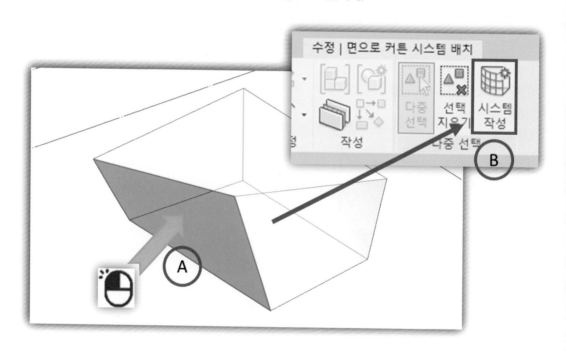

③ 작성된 커튼 월을 선택하고 [유형 편집]에서 배치를 [고정 개수]로 변경합니다.

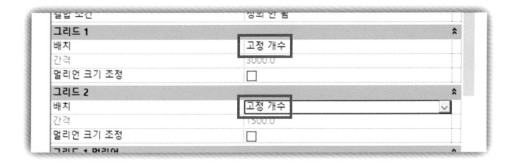

④ [특성] 창에서 그리드 개수를 조정합니다.

– 곡률이 클수록 그리드의 개수가 많아야 부드럽게 작성됩니다.

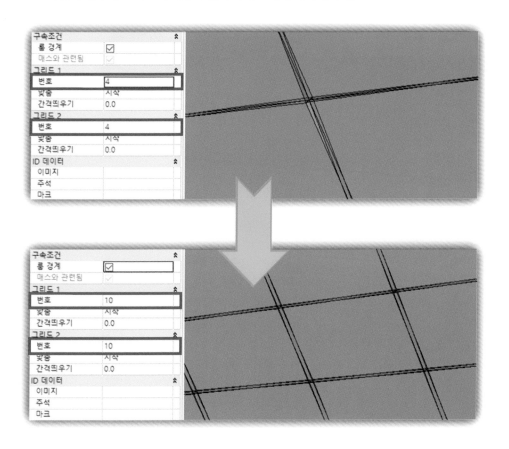

⑤ [건축] 탭의 [멀리언]을 작성합니다.

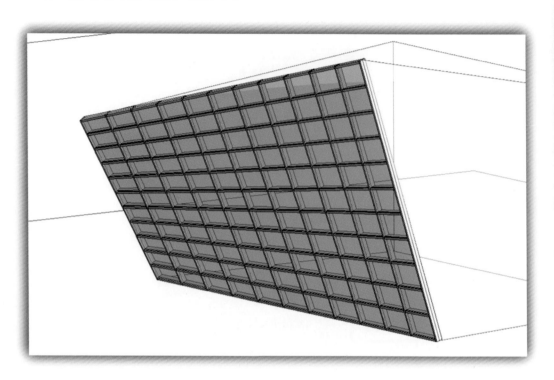

Revit 건축모델링

03 건축 바닥 작성

- 건축 바닥은 구조 바닥과는 차이가 있습니다.
- 구조의 경우 콘크리트 재질을 사용하는 반면 건축 바닥은 실의 용도에 따라서 마감을 다르게 지정을 하기 때문입니다.
- 건축 벽과 같이 건축 바닥의 경우도 두 개 이상의 레이어 층을 가지는 바닥으로 작성이 가능합니다.

[기본 바닥 재질 작성]

- 가장 많이 사용되는 바닥 재질을 작성합니다.
- 화강석, 비닐 타일, 강화마루 등의 재질을 작성하겠습니다.
- 재질 작성 시에는 라이브러리에 없는 경우, 개별적으로 재질을 만들어 사용합니다.
- 바닥 유형은 코어 경계의 사용은 중요하지 않습니다.

① **재질을 이용해서 아래와 같이 작성하겠습니다. 프로젝트 진행에 필요한 재료는 아래의 방법을 이용해서 작성하시면 됩니다.**

② **관리 탭의 재료 명령을 실행합니다.**

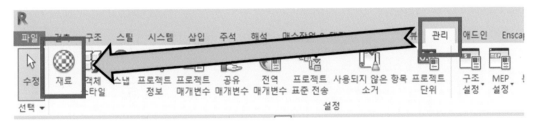

③ 화강석 재질을 이용해서 화강석 타일 재질을 만들도록 하겠습니다. 재료 선택 후 우 클릭해서 복제를 선택합니다.

④ 이름을 [#화강석타일]로 지정합니다.

⑤ 색상을 변경해도 되고 아래와 같이 패턴을 변경해도 됩니다. 패턴을 추가해서 변경해보겠습니다. 표면 패턴의 패턴을 선택합니다.

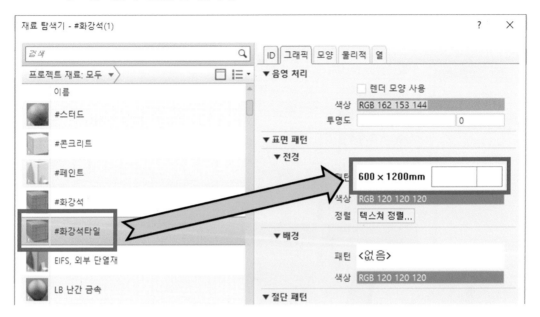

⑥ 복제할 패턴을 선택한 후 하단의 복제 명령을 선택합니다.

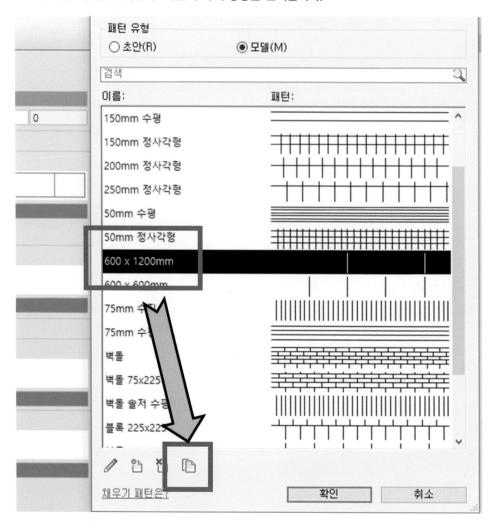

⑦ 패턴의 이름을 지정 후 하단에서 가로와 세로의 사이즈를 지정합니다.

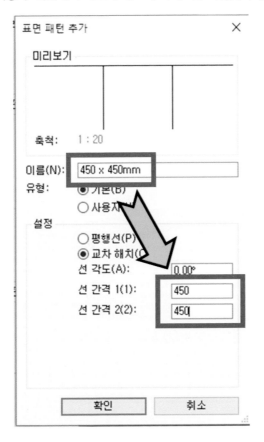

⑧ 확인을 눌러 적용합니다.

[바닥 유형 작성]

- 위에서 만들어진 재료를 사용해서 두 개의 유형을 작성해 보겠습니다.

- 계단실에 사용할 바닥 유형과 일반 바닥에 사용할 비닐 바닥을 만들어 보겠습니다.

① 계단실 바닥의 경우 두 개의 재질이 필요합니다. 몰탈과 화강석 타일을 이용해서 작성합니다.

② 건축 탭에 있는 바닥 명령을 선택합니다.

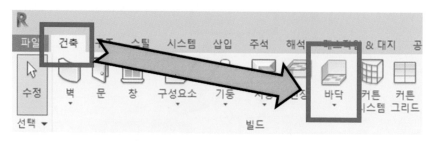

③ 일반이나 선택한 바닥이 유형 명에 나타나면 유형 편집 명령을 선택합니다.

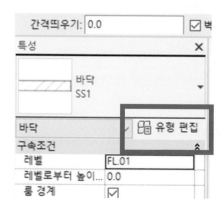

④ 복제를 이용해서 이름을 [T40 화강석 타일]로 변경합니다.

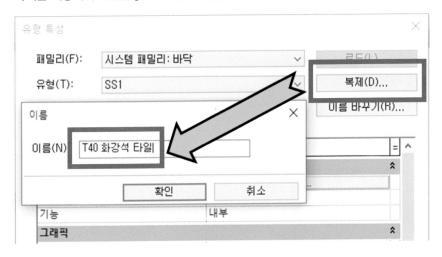

⑤ 두께와 재료 적용을 위해서 편집을 선택합니다.

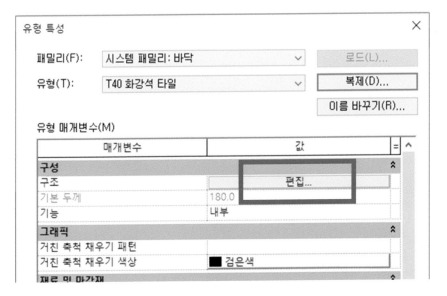

⑥ 하단 삽입 기능을 사용해서 레이어 한 개를 추가합니다.

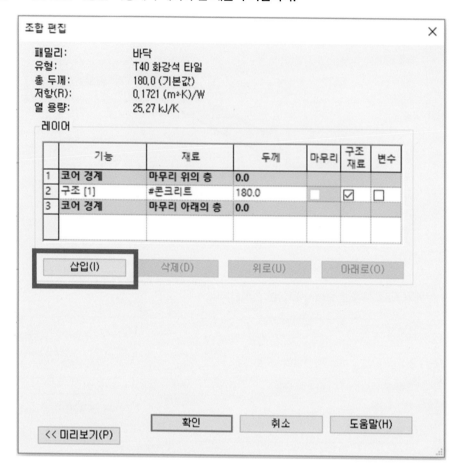

⑦ 각 용도에 맞게 아래와 같이 재료를 만들어 줍니다.

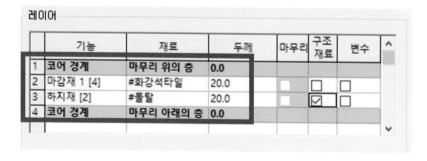

⑧ 확인을 선택 한 후 스케치를 이용해서 임의의 치수로 작성합니다.

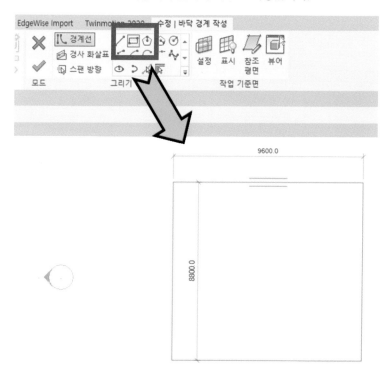

－ 아래의 표를 참고하여 바닥을 작성해 봅니다.

벽 바닥 형상	레이어 종류

T40 화강석 타일

	기능	재료	두께	마무리	구조 재료	변수
1	코어 경계	마무리 위의 층	0.0			
2	마감재 1 [4]	#화강석타일	20.0	☐	☐	☐
3	하지재 [2]	#몰탈	20.0	☐	☑	☐
4	코어 경계	마무리 아래의 층	0.0			

T40 데코 타일

	기능	재료	두께	마무리	구조 재료	변수
1	코어 경계	마무리 위의 층	0.0			
2	마감재 1 [4]	#데코 타일 ...	10.0	☐	☐	☐
3	하지재 [2]	#몰탈	30.0	☐	☑	☐
4	코어 경계	마무리 아래의 층	0.0			

T80 강화마루

	기능	재료	두께	마무리	구조 재료	변수
1	코어 경계	마무리 위의 층	0.0			
2	마감재 1 [4]	#강화마루 ...	30.0	☐	☐	☐
3	하지재 [2]	#몰탈	50.0	☐	☑	☐
4	코어 경계	마무리 아래의 층	0.0			

[절단 프로파일 사용]

- 바닥과 벽의 경우 절단면을 흔하게 볼 수 있습니다.

- 문제는 절단면을 편집을 하는 방법입니다. 수직으로 절단이 아닌 마감을 처리하는 방법을 알아 보겠습니다.

① **바닥이나 벽의 단면을 준비합니다.**

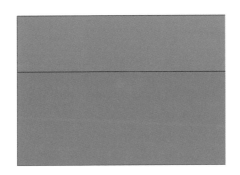

② **뷰 탭의 절단 프로파일 명령을 선택합니다.**

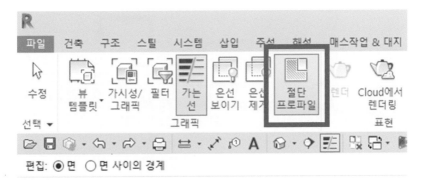

③ 절단 프로파일을 적용할 재료의 경계를 선택합니다. 두 개 이상의 레이어 층을 가진 유형도 적용이 됩니다.

④ 아래 그림과 같이 임의의 지점에 수직선을 그려줍니다.

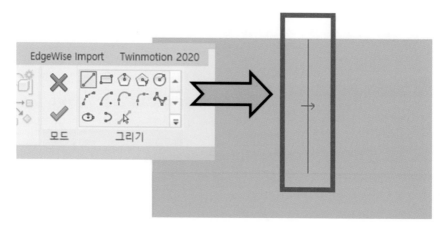

⑤ 확인을 선택합니다. 임의로 그은 수직선 기준으로 잘린 부분을 확인 할 수 있습니다.

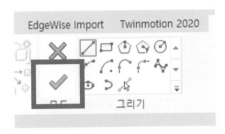

⑥ 절단 면을 하단의 재료를 사용해서 채울 경우 절단면 프로파일 명령을 선택합니다. 하단의 재료를 선택합니다.

⑦ 아래와 같이 스케치를 해줍니다. 재료와 연결이 되어야 적용이 됩니다. 밑부분은 열린 상태로 작업을 진행합니다.

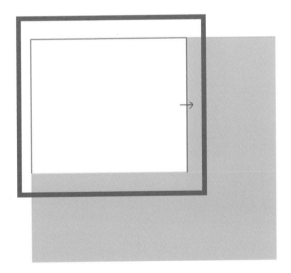

⑧　막히는 부분을 지정하기 위해서 방향을 눌러 반전시킵니다. 작성이 끝나면 스케치를 종료합니다.

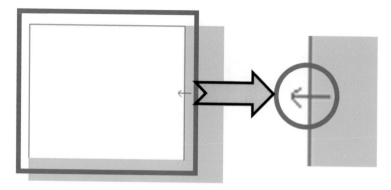

⑨　아래와 같이 바닥의 단면을 편집 할 수 있습니다.

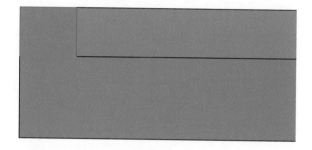

04 천장 작성

- 천장의 작성은 두 가지로 나눠서 작업을 진행합니다.
- 평면도에서 작성 후 높이 값을 입력하는 방법과 천장 평면도를 작성한 후 천장 평면도 내에서 작성하는 방법으로 나눌 수 있습니다.
- 건축 템플릿을 이용해서 벽과 바닥을 치수에 상관없이 작성합니다. 벽 작성시 상단 구속을 2층으로 설정합니다.

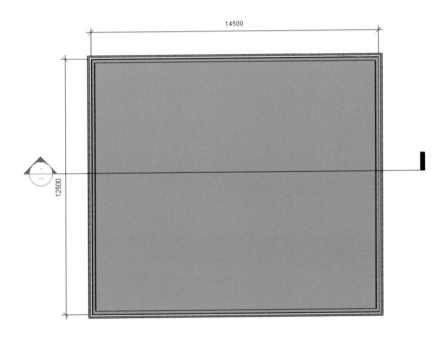

[평면도에서 작성]

① 평면도에서 작성 할 경우에는 아래와 같이 단면도(구획)가 반드시 필요합니다.

② 작성된 천장의 높이를 확인해야 하기 때문입니다.

③ 1층에서 건축 탭에 있는 천장 명령을 실행합니다.

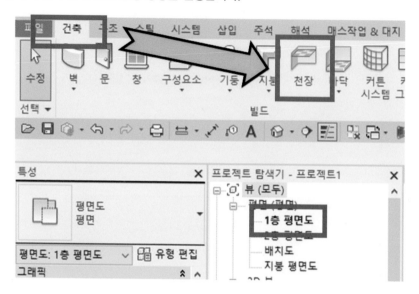

④ 천장의 경우 두 가지 방법을 사용해서 천장을 스케치 할 수 있습니다. 일반적으로 천장 스케치를 사용합니다.

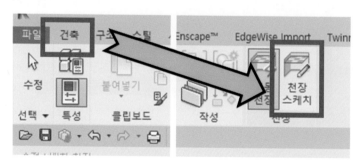

⑤ 벽 안쪽을 경계로 천장을 스케치 합니다.

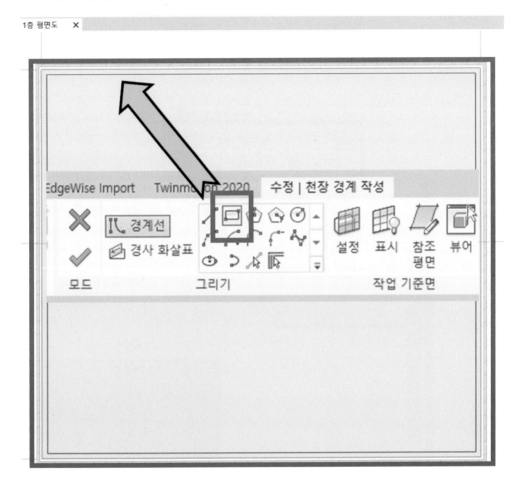

⑥ 특성 탭에 있는 천장 높이에 높이 값을 지정합니다. 유형 변경 후 높이를 지정합니다.

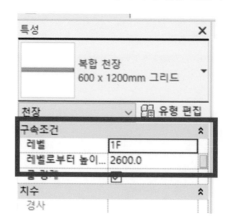

⑦ 완료 후 단면(구획)을 이용해서 높이 값을 확인합니다.

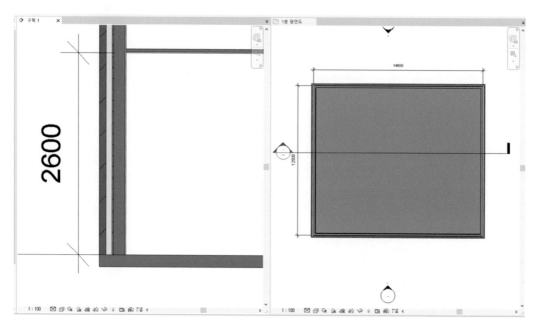

[천정 평면도에서 작성]

- 천장 평면도를 사용할 경우에는 별도의 뷰를 작성해야 합니다.

- 작성 방법은 평면도 만드는 방법과 동일합니다.

① 뷰 탭에 있는 평면도를 선택합니다. 풀 다운 메뉴 하단에 있는 반사된 천장 평면도를 선택합니다.

② 대화 상자에서 천장 평면도를 만들 평면 뷰의 이름을 선택 한 후 확인을 입력합니다.

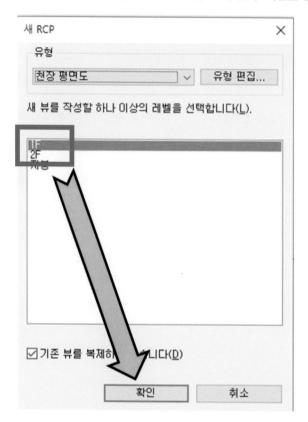

③ 프로젝트 탐색기에 지정한 천장 평면도가 작성된 것을 확인 할 수 있습니다.

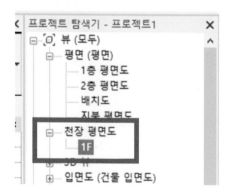

Revit 건축모델링

④ 이 후의 작성 방법은 위와 같습니다.

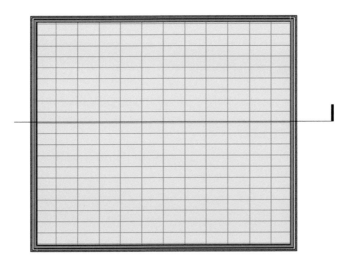

05 마감 계단 작성

- 건축 계단은 구조 계단의 위쪽에 사용이 됩니다.
- 구조 계단이 작성 된 상태이기 때문에 건축 마감의 경우는 디딤판과 챌판의 두께와 재료를 지정할 수 있습니다.
- 계단 작성 시에는 디딤판의 깊이가 가장 중요합니다. 마감의 경우는 구조 계단의 디딤판의 깊이를 참고합니다.

[계단 작성 준비]

① 준비된 구조 파일을 열어서 건축 1층 뷰로 이동합니다.

② 구획(단면) 명령을 실행합니다.

③ 계단 부분에 아래와 같이 구획(단면)을 작성합니다. 주의할 점은 단면의 범위가 계단 부분에 한정되게 작성합니다.

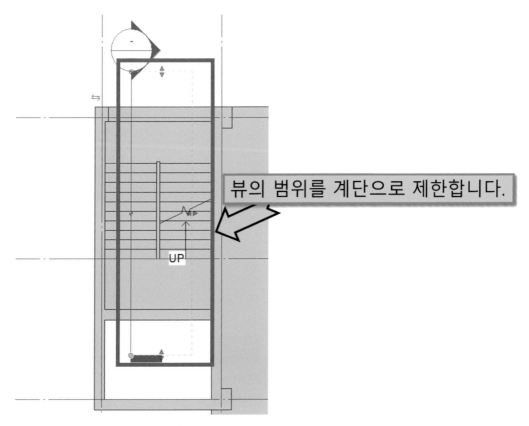

뷰의 범위를 계단으로 제한합니다.

④ 단면 뷰로 이동해서 모델 수준과 음영을 설정합니다.

1 : 100

⑤ 단축 키 (WT)를 사용해서 아래와 같이 두 개의 화면이 보이게 만들어 줍니다.

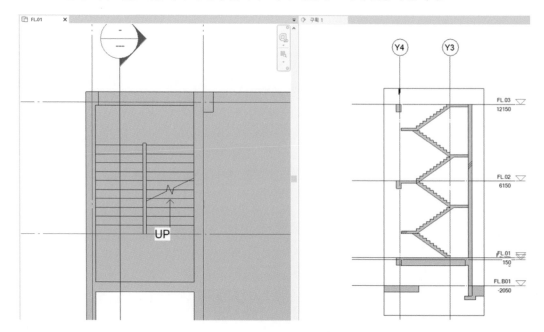

[계단 유형 설정]

① 건축 탭에 있는 계단 명령을 실행 합니다.

Revit 건축모델링

② 계단 유형은 아래와 같이 [조합된 계단] 유형을 선택합니다. 새로운 유형 작성을 위해 유형 편집을 실행합니다.

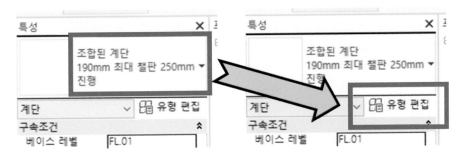

③ 복제를 이용해서 새로운 유형[내부계단–건축]을 작성합니다.

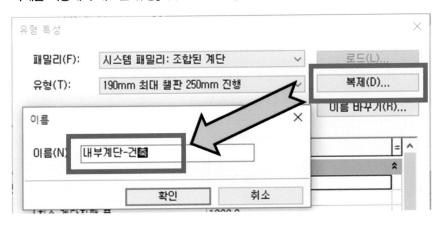

④ 아래 이미지를 참고해서 계산 규칙은 사용하지 않습니다. 하단에 있는 지지는 계단 옆판을 나타냅니다. 좌, 우측의 지지를 없음으로 변경합니다. 계단은 계단진행 유형, 계단참 유형 2가지만 사용합니다.

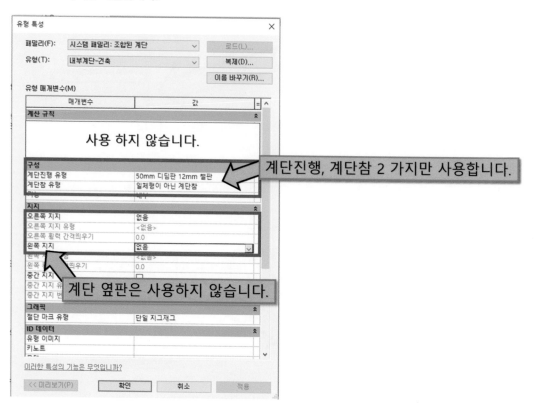

Revit 건축모델링

[계단 진행 유형 및 계단 참 설정]

- 계단 진행 유형은 챌판과 디딤판을 설정하는 기능입니다.

- 별도의 유형을 작성해서 적용합니다.

① 유형 편집을 위해 계단 진행 유형 우측의 박스를 선택합니다.

② 복제를 선택 후 이름을 변경합니다. 새로운 이름으로 지정해도 무방합니다. 이 책에서는 치수만 변경하겠습니다.

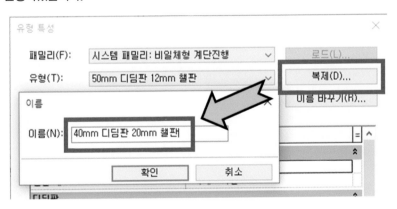

③ 디딤판과 챌판의 재료(1)를 선택합니다. 발판인 디딤판의 두께(2)를 40mm로 지정합니다.
챌판의 두께(3)는 20mm로 지정합니다.

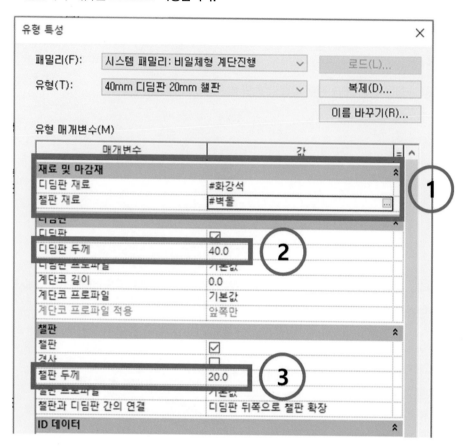

④ 완료를 선택합니다.

⑤ 계단 참의 경우 따로 설정을 하지는 않습니다. 아래와 같이 설정을 선택합니다.

⑥ 계단진행과 동일 변수가 체크되어 있는지 확인합니다.

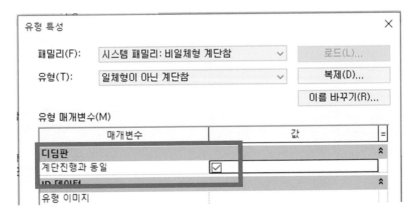

⑦ 설정이 완전히 종료 되면 아래와 같이 확인을 선택합니다.

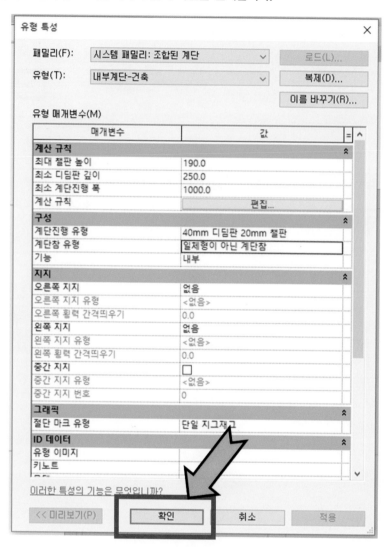

[계단 작성 – 높이 및 위치]

① 시작 레벨과 끝 레벨 높이 값을 설정합니다. (일반적으로 건축 바닥의 마감 높이를 참고합니다. 예제의 경우 디딤판의 두께를 참고해서 40으로 입력합니다.)

② 디딤판의 깊이 값을 입력합니다. (계단 작성 시 가장 중요한 값입니다. 구조 계단 디딤판 깊이 값과 같습니다.)

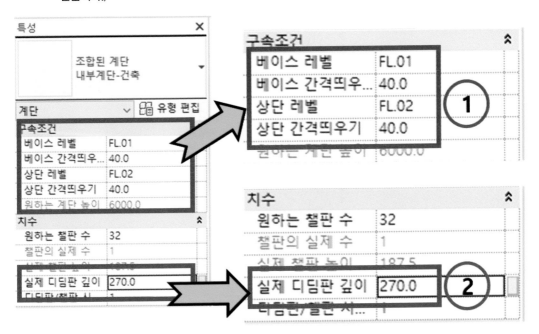

③ 실행을 선택합니다.

④ 계단 작성은 아래 그림과 같이 구조를 참고해서 번호 순서대로 좌 클릭해서 작성합니다.
구조 계단과 같은 방식으로 작성합니다.

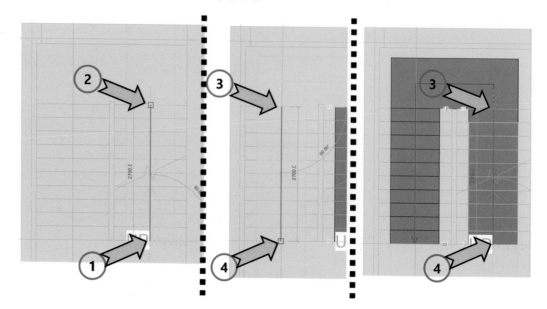

⑤ 계단 위치 조정을 위해서 단면도 뷰로 이동합니다. 하단부의 건축 계단을 선택합니다.
이동 명령을 사용해서 우측으로 챌판 두께인 20mm만큼 이동 시킵니다.

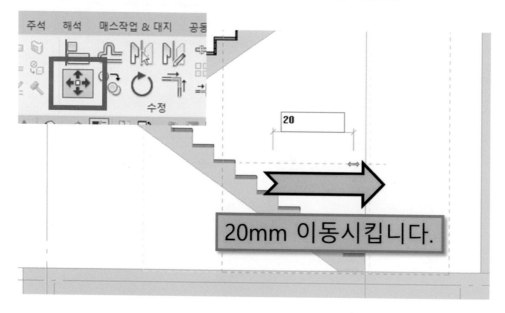

⑥ 아래 이미지와 같이 계단이 작성 된 것을 확인 할 수 있습니다.

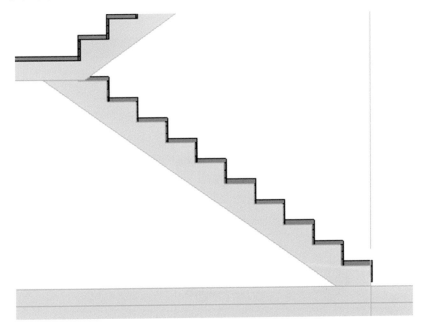

⑦ 중간 부분의 건축 계단도 이동 명령을 통해서 좌측으로 20mm 이동 시킵니다. 경고 메세지는
무시하셔도 됩니다.

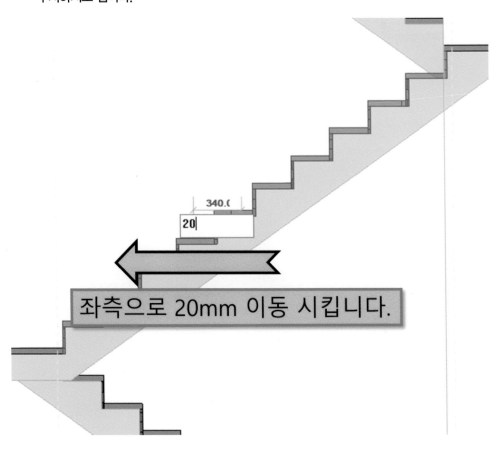

340.(

20

좌측으로 20mm 이동 시킵니다.

⑧ 상단 부분은 아래와 같이 우측으로 20mm 이동 시킵니다. 경고 메세지는 무시하셔도 됩니다.

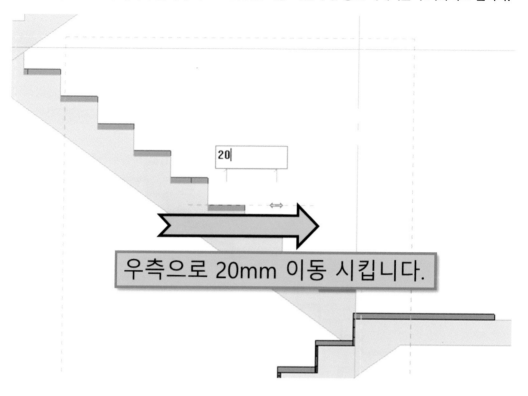

⑨ 계단 작성 시에 단수가 부족할 경우는 특성 탭의 원하는 챌판 수를 조정합니다. 일반적으로 +1, −1개 정도에서 완료됩니다.

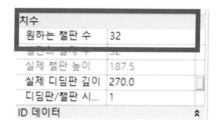

⑩ 1차 완성된 모습입니다.

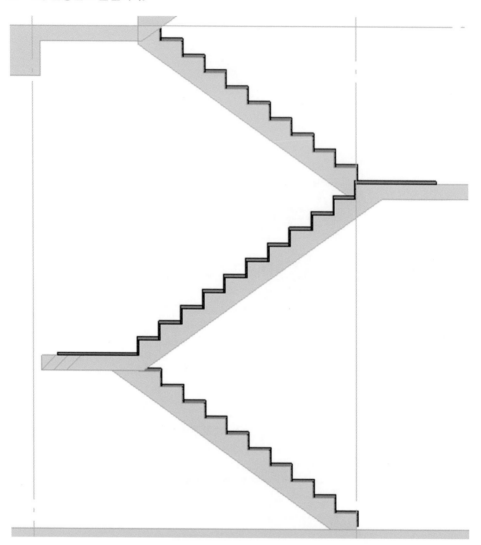

Revit 건축모델링

- 계단 폭, 계단 참의 치수 조정은 단면 뷰와 평면 뷰를 모두 사용합니다.

- 정렬(AL)명령은 적용되지 않습니다. 삼각형 모양의 핸들을 사용해서 측면을 조정합니다.

① **단면 뷰에서 하단 건축 계단 부분을 선택합니다.**

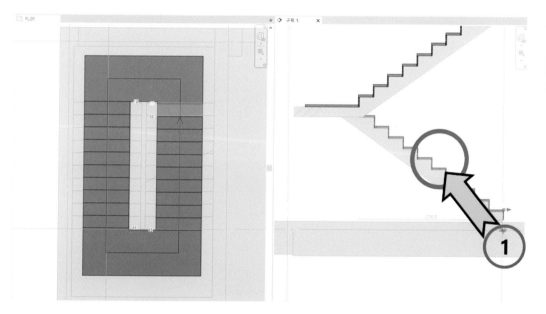

② 아래 그림과 같이 평면 뷰를 선택합니다.

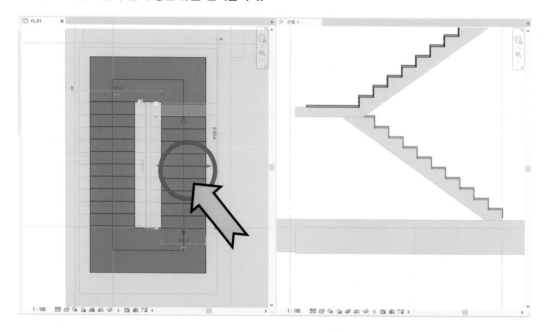

Revit 건축모델링

③ 삼각형 형태의 핸들이 생성이 되는 것을 확인 할 수 있습니다. 핸들을 드래그해서 구조 계단의 측면에 정렬시킵니다. (AL 명령은 적용되지 않습니다.)

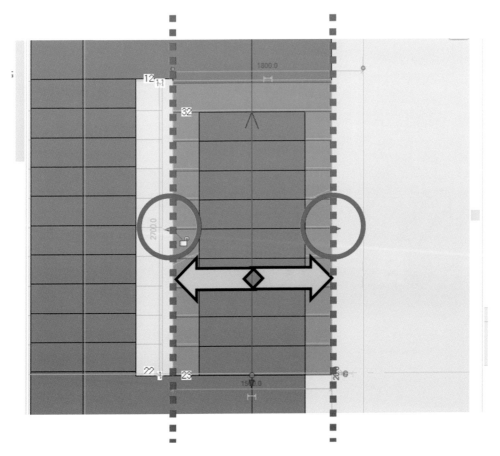

④ 중간 부분의 건축 계단도 아래와 같이 측면을 구조 계단에 정렬 시켜줍니다. (AL 명령은 적용되지 않습니다.)

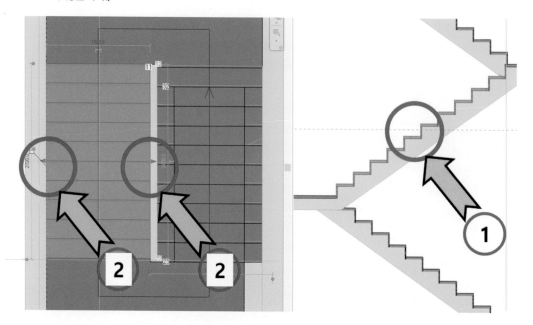

⑤ 상단 부분의 건축 계단도 아래와 같이 측면을 구조 계단에 정렬 시켜줍니다. (AL 명령은 적용되지 않습니다.)

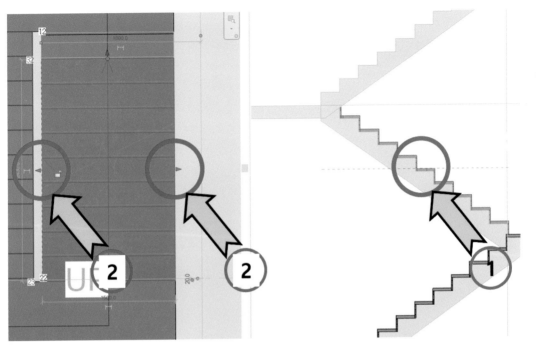

⑥ 완료 후 평면 뷰에서 계단 참의 위치를 정렬시켜줍니다. 삼각형의 핸들을 이용해서 정렬합니다.

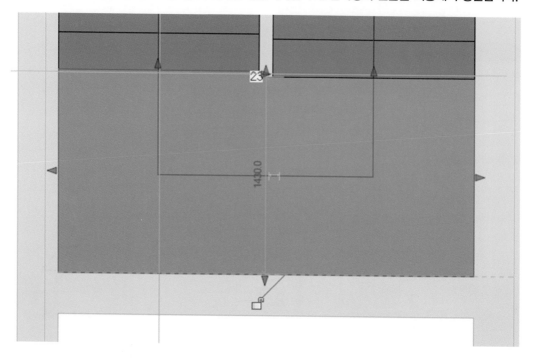

⑦ 윗 부분의 평면 뷰에서 계단 참의 위치를 정렬시켜줍니다. 삼각형의 핸들을 이용해서 정렬합니다.

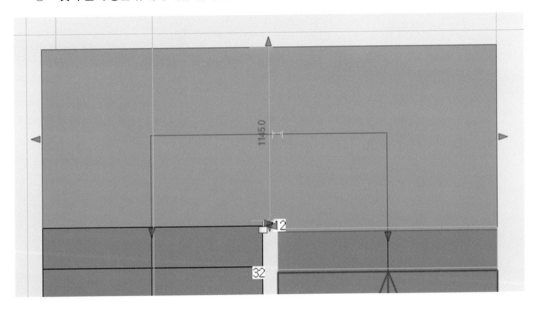

⑧ 계단 명령을 완료합니다.

⑨ 완성된 모습입니다. 사용하지 않는 난간은 삭제합니다.

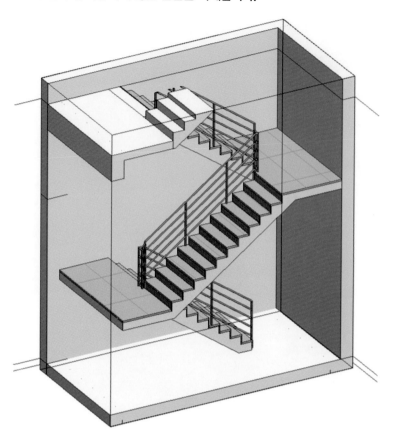

⑩ 2층에서 3층으로 올라가는 계단을 작성하여 보시기 바랍니다.

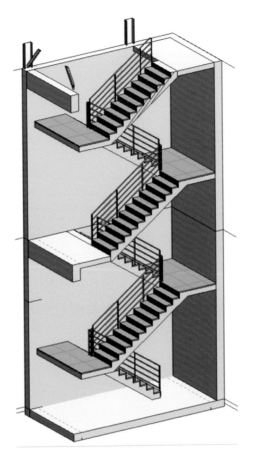

06 지형

- Revit에서 지형 작성은 점을 이용한 점 배치와 수치 지형도를 사용하는 방법 두 가지를 사용합니다.
- 각 방식에 대한 장단점이 있으며 일반적으로 가장 정확한 방법은 수치지형도를 사용하는 방법입니다.
- 이번 교재에서는 점 배치와 관련한 명령들을 중심으로 다루겠습니다.

[점 배치]

① 점 배치는 가장 기본적인 방법으로 정점에 고도 값을 입력해서 지형을 편집하는 방법입니다.

② 점 배치를 위해서 배치도로 이동합니다. 배치도는 뷰의 기준면이 최 상단에 위치하기 때문에 프로젝트 모델 전체를 내려다 볼 수 있다는 이점이 있습니다.

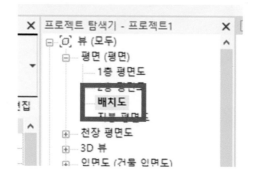

③ 매스작업 & 대지 탭에서 지형면 명령을 실행합니다.

④ 점 배치 명령을 실행합니다.

⑤ 아래와 같이 네 개의 점을 임의의 지점에 선택합니다. 점 세 개를 선택할 때 면이 형성되는 것을 볼 수 있습니다.

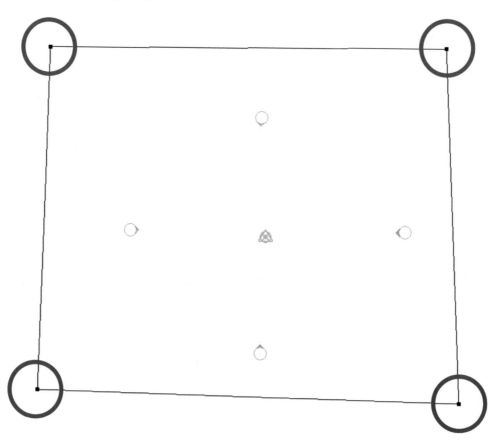

⑥ 점 배치가 끝나면 반드시 완료를 선택해서 명령을 종료합니다.

⑦ 3D 뷰에서 보면 아래와 같이 지형면이 작성된 것을 확인 할 수 있습니다.

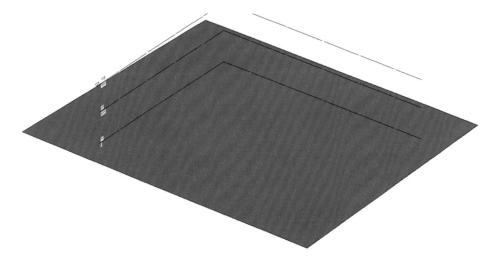

[점 편집]

– 점을 이용해서 지형을 작성하면 평면으로 나타납니다. 하지만 지형은 고, 저가 존재합니다.

– 프로젝트에 따라서는 정점에 고도 값을 지정해야 할 경우가 있습니다.

– 다음에서 점 배치를 편집하는 방법과 추가하는 방법을 알아보겠습니다.

① **지형을 선택한 다음 지형면 편집을 실행합니다.**

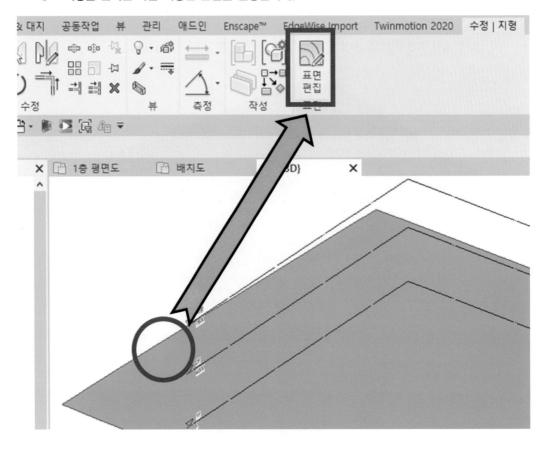

② 정점 중 한 개를 선택합니다. 아래와 같이 좌측에 고도와 입면도를 수정할 수 있습니다.

이 두 개의 값은 정점의 높이 값입니다. 높이 3000(3m)를 입력합니다.

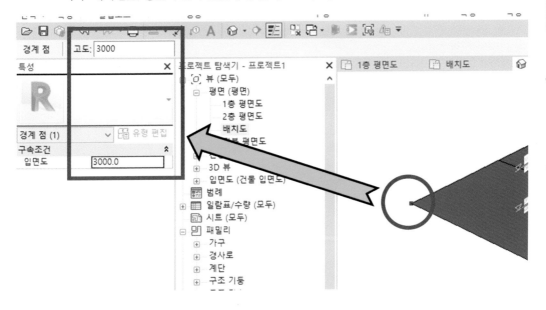

③ 지형이 변화된 것을 확인 할 수 있습니다. 조금 더 세밀한 조정을 위해서 정점을 추가로 세 개를 입력합니다.

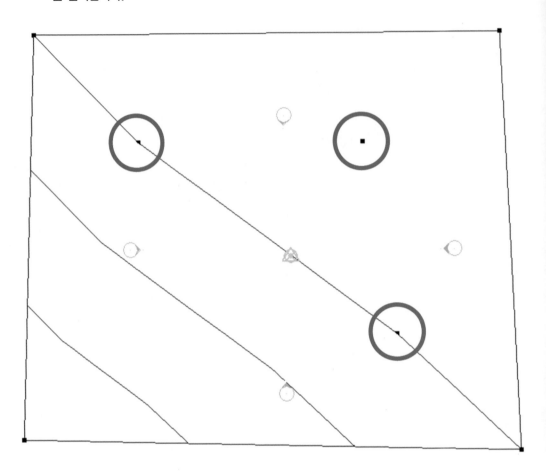

④ 완료를 누른 후 확인해보면 지형이 편집 된 것을 확인 할 수 있습니다. 정점의 높이 차를 이용해서 지형의 형태를 조정할 수 있습니다.

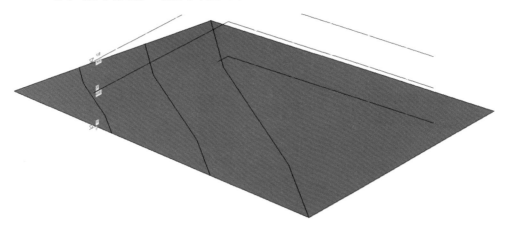

[건물 패드]

- 건물 패드는 지형면에 건물이 들어갈 부분을 눌러 주는 역할을 합니다.

- 주로 구조적으로는 버림 콘크리트로 사용되고 활용 방법에 따라 도로, 주차장 바닥으로도 사용할 수 있습니다.

- 아래의 이미지는 건물 바닥에 들어가는 패드의 이미지입니다. 패드 위로 건물이 위치한다고 볼 수 있습니다.

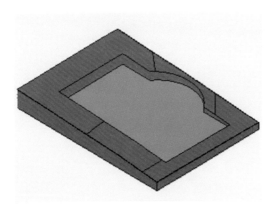

- 사용 방법은 반드시 지형면이 있어야 명령이 실행되고 지형면 위에서만 스케치를 할 수 있습니다.

- 배치도 혹은 3D뷰에서 작성할 수 있지만 건물 바닥을 가장 잘 표현하는 지하 1층이나 1층 평면도에서의 사용을 권장합니다.

① **뷰를 배치도로 변경합니다.**

② **건물 패드 명령을 실행합니다.**

③ 지형면 위에 임의의 직사각형을 작성합니다.

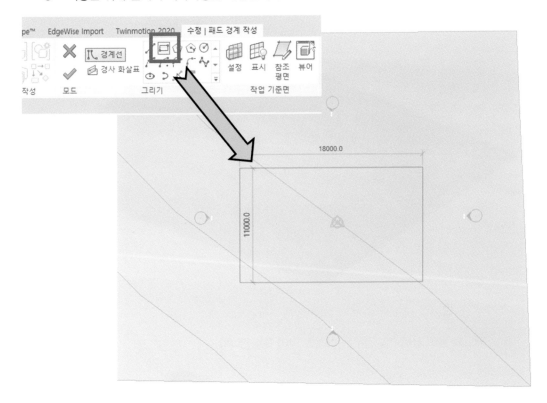

④ 작성 후 완료를 선택합니다.

⑤ 지형면이 패드에 의해서 눌린 것을 확인 할 수 있습니다.

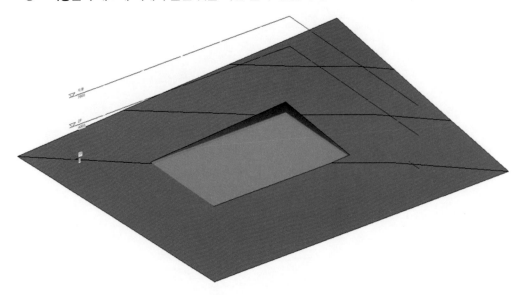

⑥ 패드의 높이 값이 0일 경우는 아래와 같이 표현됩니다.

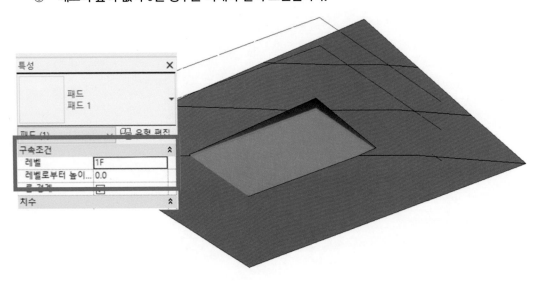

⑦ 2000일 경우의 패드 적용된 지형입니다.

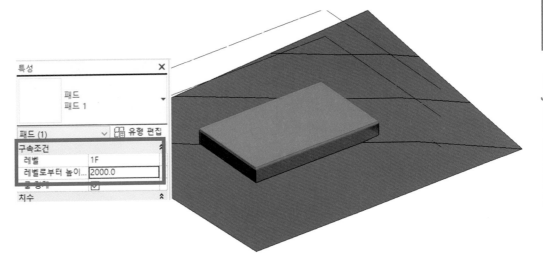

⑧ -2000일 경우의 패드 적용된 지형입니다.

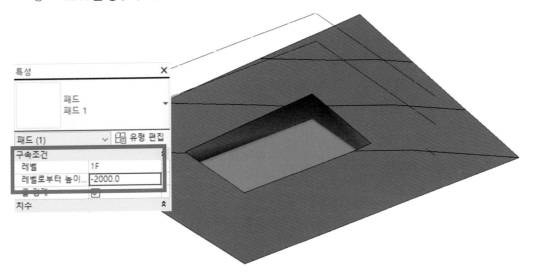

⑨ 아래 이미지와 같이 패드 작성 후 점 배치의 고도 값(0)을 이용해서 지형 편집을 할 수 있습니다.

점의 높이 값을 이용 지형 편집 할 수 있습니다.

⑩ 패드가 삭제 되면 지형은 복구 됩니다.

[소구역]

① 소구역은 지형을 구분하는 용도로 사용됩니다.

② 주로 대지 경계선과 경사면의 도로 표기에 이용됩니다. 건물 패드는 경사면 적용이 안됩니다.

③ 소구역을 선택합니다.

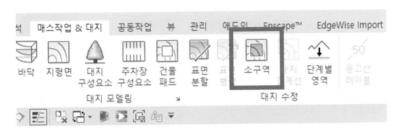

④ 스케치를 이용해서 가상의 대지 경계선을 작성합니다.

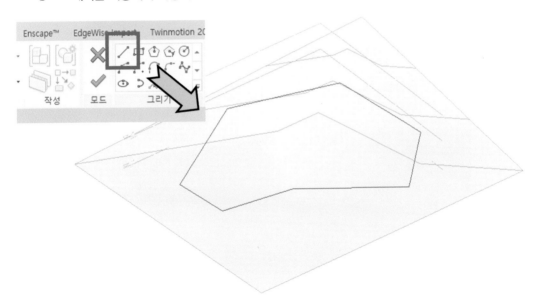

⑤ 완료를 선택합니다.

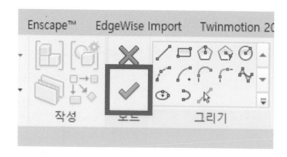

⑥ 소구역을 선택 후 재료를 변경해서 구분지어 줍니다.

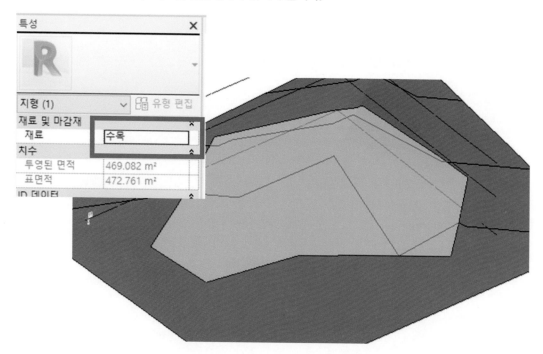

- 일람표는 모델 작성 후 검증과 물량 검증 등 여러 가지 이유로 매우 중요한 과정입니다.

- 재료 견적을 제외하고 일람표는 카테고리를 기준으로 작성합니다.

- Revit에 대한 오해 중 대표적인 것이 바로 이 물량에 대한 부분인데 결론을 이야기 하자면 Revit은 loss 분의 물량이 정확히 반영되지 않습니다. 그 외 이런 저런 이유로 참고 사항이지 절대적인 값은 아닙니다.

- 최근 여러 3rd Party 프로그램 개발사들이 이 부분에 대해 적극적으로 개발을 진행하고 있는 중이기 때문에 상용, 비상용 소프트웨어를 통해서 개선이 될 것이라고 생각합니다.

[일람표 작성 및 편집]

① 일람표 작성은 뷰 탭에 있는 일람표라는 명령을 통해서 작성이 됩니다. 일람표/수량 명령을 실행합니다.

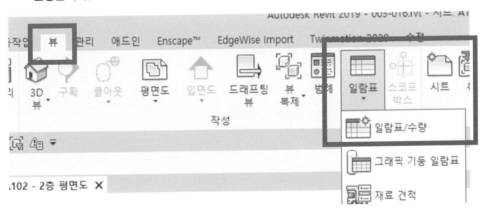

② 일람표 카테고리 중 바닥을 선택합니다.

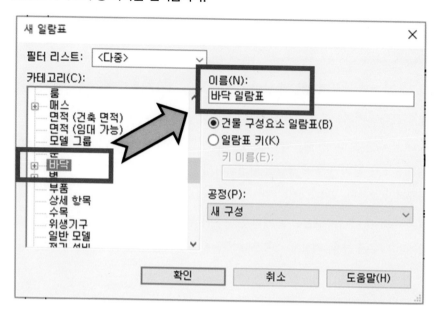

③ 일람표가 실행되면 필드 탭 설정을 먼저 합니다. (1) 항목에서 사용 가능한 필드(필터)를 선택합니다. (2) 매개변수 추가 버튼을 이용해서 (3) 일람표 필드를 구성합니다. 일람표 필드 하단에 있는 올리기/내리기를 이용해서 항목의 순서를 변경할 수 있습니다. (4) 외부 Revit 링크를 걸었다면 이 항목을 체크해야 물량에 합산되어 계산됩니다.

패밀리 및 유형은 뷰의 이름을 나타냅니다.

구조 재료는 부재의 재료를 뜻합니다.

면적, 체적은 각 부재의 넓이와 부피를 나타내는 항목입니다.

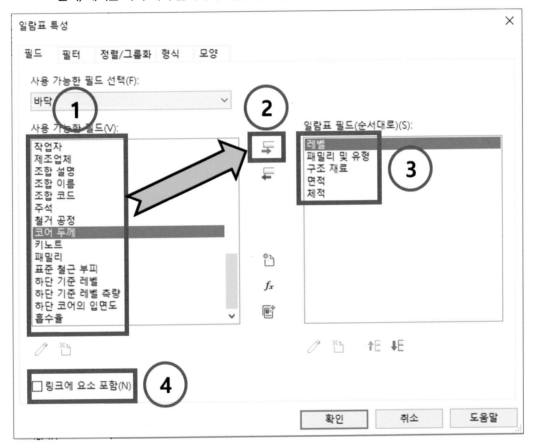

④ 필드 구성 후에는 값이 숫자로 표기되는 면적과 체적 합산을 내기 위해 형식 탭을 선택합니다. 이 항목에서 면적과 체적을 선택 후 아래와 같이 총합 계산을 선택합니다. 총합 계산 항목을 누락하면 소계와 총계가 계산 되지 않습니다.

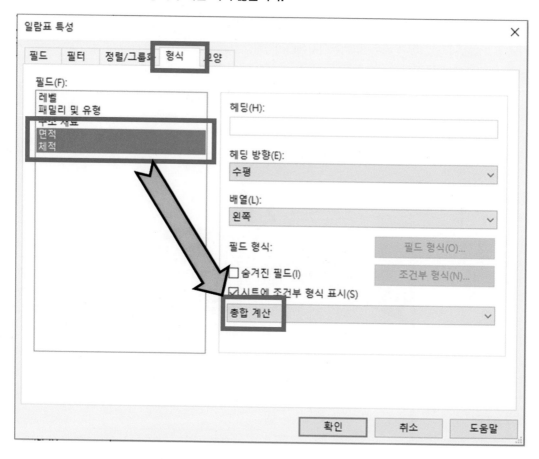

⑤ 정렬 그룹화 탭으로 이동합니다. 이 탭을 이용해서 그룹을 묶고 값을 편집할 수 있습니다. (2) 정렬 기준을 통해서 조건에 맞는 부재들을 그룹으로 묶을 수 있습니다. 바닥글을 체크한 후 제목을 선택하면 레벨에 따른 소계를 확인 할 수 있습니다. 빈 선 항목은 소계 하단에 빈 칸을 추가 기능입니다. (3) 총계는 프로젝트 전체에 적용된 부재의 합계입니다. (4) 모든 인스턴스 항목화는 같은 조건의 부재를 합산해서 한 개의 부재로 보는 기능입니다.

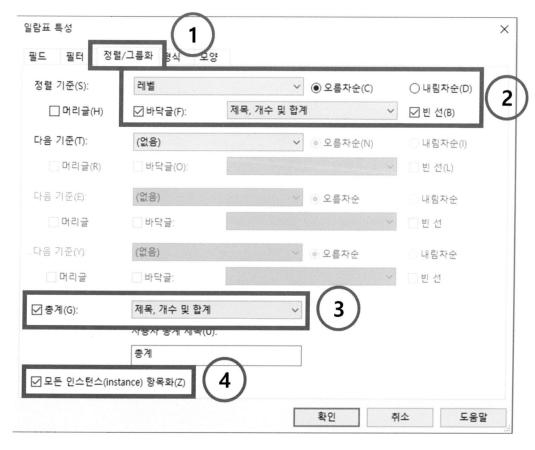

⑥ 완료되면 아래와 같은 일람표를 확인 할 수 있습니다.

	A102 - 2층 평면도		바닥 일람표	×	

A	B	C	D	E
레벨	패밀리 및 유형	구조 재료	면적	체적
FL.01	바닥: S1	#콘크리트	391 m²	70.33 m³
FL.01	바닥: SS1	#콘크리트	15 m²	2.75 m³
FL.01	바닥: T40 화강석타	#화강석타일	17 m²	0.68 m³
FL.01	바닥: T40 화강석타	#화강석타일	101 m²	4.05 m³
FL.01	바닥: T80 강화마루	#몰탈	146 m²	11.68 m³
FL.01	바닥: T40 데코타일	#몰탈	87 m²	3.46 m³
FL.01	바닥: T40 데코타일	#몰탈	35 m²	1.40 m³
FL.01	바닥: T40 화강석타	#화강석타일	23 m²	0.91 m³
FL.01	바닥: T80 강화마루	#몰탈	25 m²	1.98 m³
FL.01: 9			839 m²	97.24 m³
FL.02	바닥: S1	#콘크리트	20 m²	3.66 m³
FL.02	바닥: S1	#콘크리트	19 m²	3.42 m³
FL.02	바닥: S1	#콘크리트	20 m²	3.60 m³
FL.02	바닥: S1	#콘크리트	20 m²	3.60 m³
FL.02	바닥: S1	#콘크리트	20 m²	3.66 m³
FL.02	바닥: S1	#콘크리트	20 m²	3.56 m³
FL.02	바닥: S1	#콘크리트	19 m²	3.50 m³
FL.02	바닥: S1	#콘크리트	19 m²	3.50 m³
FL.02	바닥: S1	#콘크리트	19 m²	3.50 m³
FL.02	바닥: S1	#콘크리트	20 m²	3.56 m³

[일람표 출력]

① 일람표는 Revit에서 확인하는 용도로 사용됩니다. 보고서 작성을 할 경우에 사용할 경우에는 아래와 같이 외부 텍스트 파일로 할 수 있습니다.

② 파일 탭의 내보내기를 선택 후 아래 그림과 같이 보고서 ⇨ 일람표를 선택합니다.

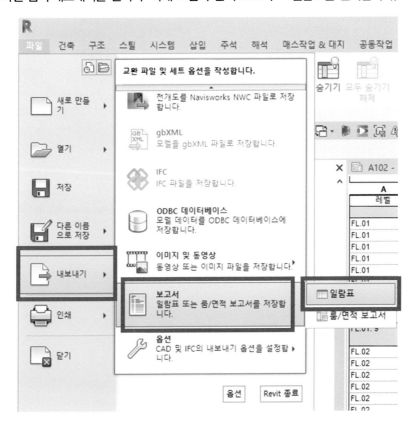

③ 원하는 경로에 텍스트 파일로 저장할 수 있습니다. 저장된 파일은 복사 붙여 넣기를 이용해서 엑셀 등에서 편집할 수 있습니다.

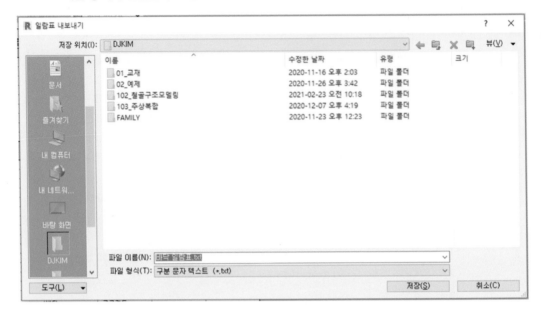

Revit 건축모델링

08 룸 태그 작성

- 공간 정보 등에 사용하는 룸 태그를 작성하는 방법입니다.
- 룸 태그의 경우 면적을 도면에 바로 표기 할 수 있다는 장점과 면적이 변경될 경우 연동이 되어 바뀐다는 장점이 있습니다.
- 룸 일람표를 통해서 동시에 작업을 진행할 수 있습니다.

[룸 태그 작성]

① 벽을 이용해서 치수에 상관없이 임의의 공간을 아래와 같이 만들어 줍니다.

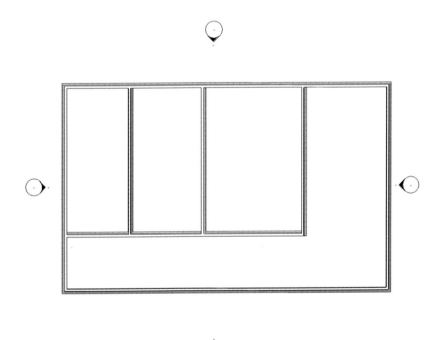

② 건축 탭에 있는 룸 명령을 실행합니다.

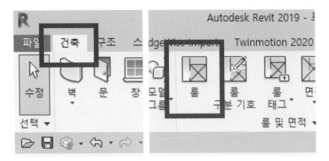

③ 특성에 있는 유형을 [면적이 있는 룸 태그]로 변경합니다. 입력 후 변경도 가능합니다.

④ 룸의 중심에 맞춰 좌 클릭하면 아래와 같이 태그가 삽입 되는 것을 볼 수 있습니다.

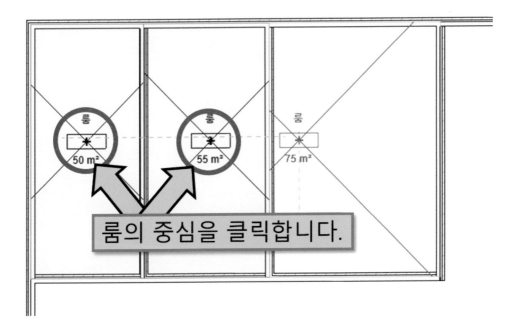

룸의 중심을 클릭합니다.

⑤   아래 이미지와 같이 벽이 없는 공간을 별도의 실로 구분할 경우가 있습니다.

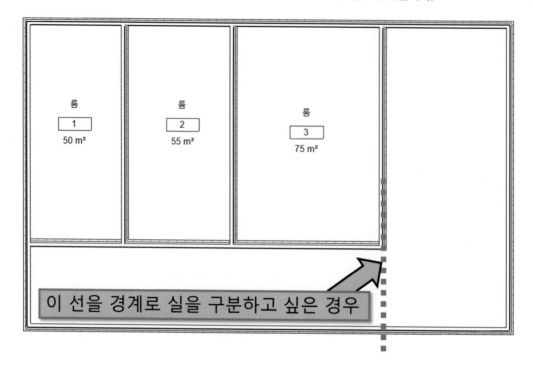

⑥   룸 경계 작성을 위해서 건축 탭 [룸 구분 기호]를 선택합니다.

⑦ 스케치 라인을 사용해서 선을 작성합니다. 이 때 벽의 중심에서 중심을 기준으로 연결합니다.

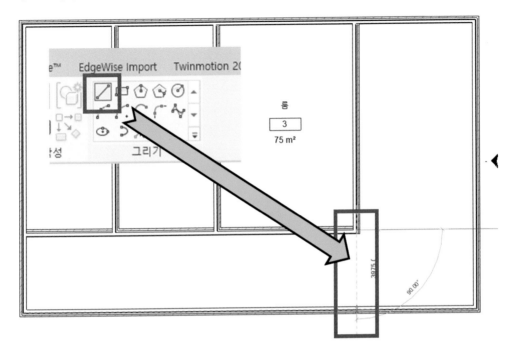

⑧ 룸 명령을 이용해서 태그를 작성하면 아래와 같이 구분 기호를 중심으로 분리 된 것을 확인 할
수 있습니다.

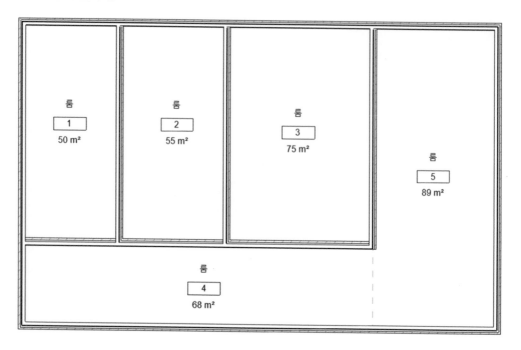

① 실의 이름이나 번호를 변경할 경우 두 가지 방법을 사용할 수 있습니다. 직접 선택 수정하는 방법과 일람표를 사용하는 방법입니다.

② 직접 수정하는 경우는 룸 태그를 더블 클릭하고, 문자를 수정할 수 있습니다. 아래 이미지와 같이 이름과 번호를 수정 할 수 있으며, 면적은 사용자 임의로 수정이 되지 않습니다.

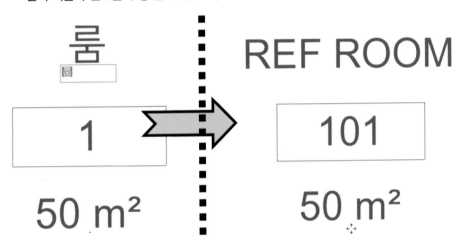

③ 다음은 가장 많이 사용하는 방법으로 룸 일람표를 사용하는 방법입니다.

④ 룸 태그의 경우 룸 일람표를 이용해서 삭제해야 합니다.

⑤ 뷰 탭에 일람표를 선택합니다.

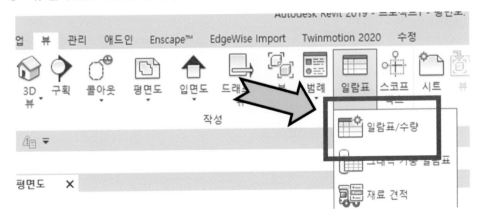

⑥ 룸을 선택한 후 확인을 선택합니다.

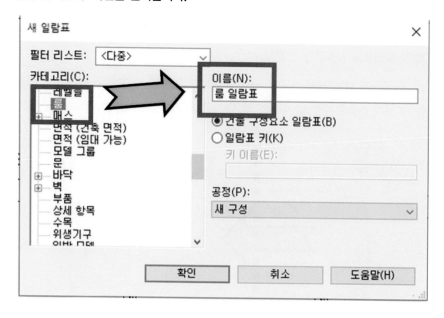

Revit 건축모델링

⑦   필드에서 레벨, 번호, 이름, 면적 순으로 선택합니다. 선택이 완료 후 확인을 누릅니다.

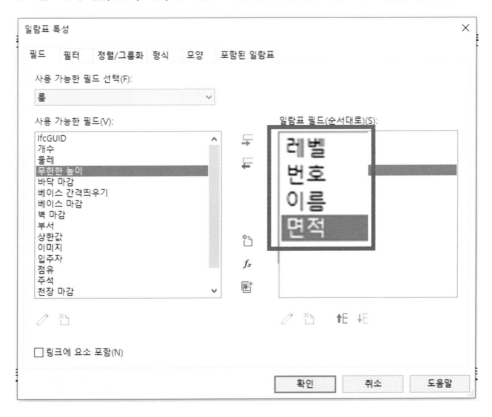

⑧   뷰 탭에서 타일 뷰를 선택합니다.

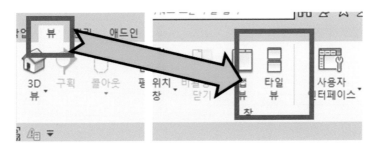

⑨ 아래와 같이 화면을 분할해서 볼 수 있습니다.

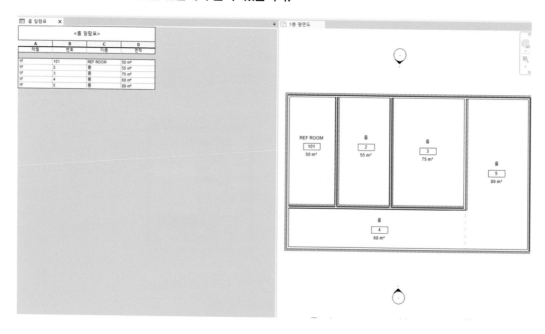

⑩ 일람표에서 번호와 이름을 수정하면 도면의 룸 태그에 반영되는 것을 바로 확인 할 수 있습니다.

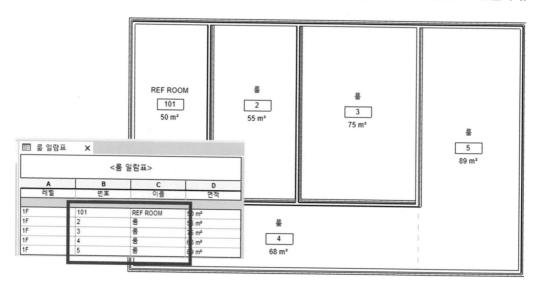

⑪ 룸 태그를 삭제할 경우에는 작업 화면이 아닌 룸 일람표에서 아래와 같이 삭제할 행을 선택 한 후 마우스 우 클릭합니다. 행 삭제 명령을 통해서 삭제가 가능합니다.

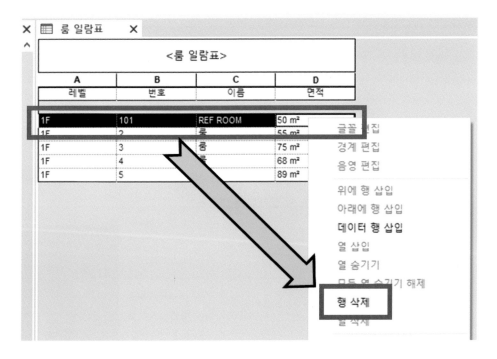

09 도면화

- Revit을 이용하는 작업 중 최종 결과물을 만들어내는 과정이라고 할 수 있습니다.
- 작성 된 뷰를 복제해서 복면 규격에 맞게 만듭니다.

[뷰 복제]

① **1층 도면 뷰를 선택 후 마우스 우 클릭한 후 복제를 선택합니다. 상세 복제를 할 경우 뷰에 있는 불필요한 객체까지 따라 올 수 있기 때문입니다.**

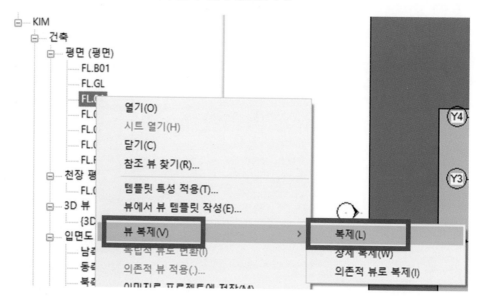

② 특성 탭에서 작업자를 DWG로 변경합니다. 작업을 하는 뷰와 도면을 만드는 뷰는 분리해서
작업합니다.

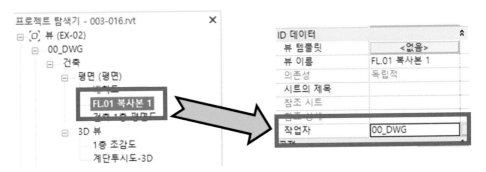

③ 뷰의 이름을 [건축 1층 평면도]로 변경합니다. 도면화 과정 중 주의점은 복제된 뷰는 실제 출력
할 뷰의 이름을 지정합니다.

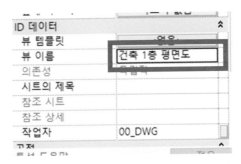

④ 비주얼 스타일을 은선으로 변경합니다.

[카테고리 정리]

- 도면화에서 매우 중요한 부분으로 출력 시 사용되지 않는 카테고리를 지정해서 OFF시키는 작업입니다. 가시성 그래픽(V V)명령으로 작업을 진행합니다.
- 가시성 작업은 두 부분으로 나눌 수 있습니다. 모델과 주석으로 구분되고 각각의 카테고리 항목을 OFF시킵니다.

① **VV명령을 실행하면 아래와 같이 특정 카테고리에 색상이 반영된 것을 볼 수 있습니다.**

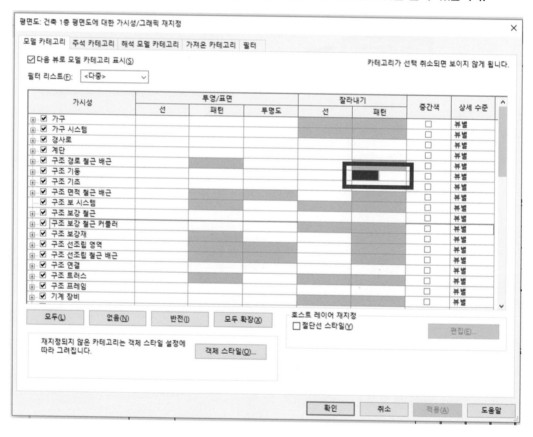

　　Revit 건축모델링

② 색상이 적용된 부분을 선택합니다. 채우기 옵션 하단에 있는 [재지정 지우기]를 선택해서 초기화 시킵니다.

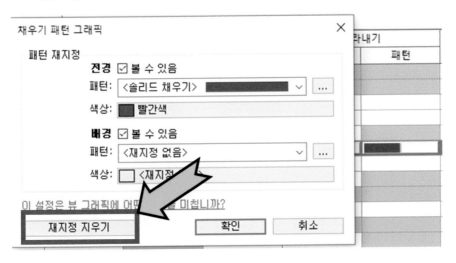

③ 카테고리에서 수목, 매스, 주차장, 대지, 지형 카테고리를 체크 해제합니다.

④ 주석 탭은 구획(단면), 참조 평면, 입면, 콜 아웃 항목을 체크 해제 합니다.

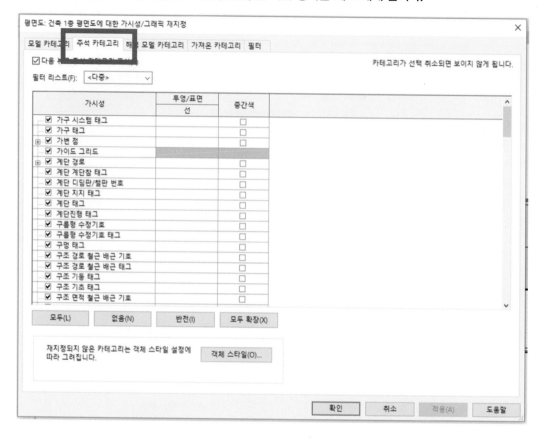

Revit 건축모델링

⑤ 필터 탭에 적용되어 있는 항목은 삭제합니다.

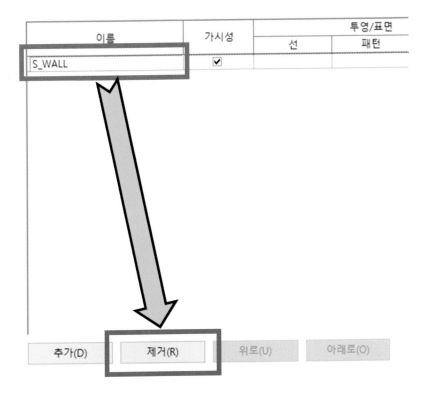

① 출력 영역을 설정하기 위해서는 그리드 라인의 길이를 먼저 조정해야 합니다.
아래에서 뷰 옵션을 선택합니다.

② 평면 뷰에 나타난 뷰의 영역을 편집합니다. 영역 중심에 있는 정점을 드래그해서 모델에
가깝게 영역을 지정합니다. 그리드 외의 객체는 영역 밖에서 보이지 않게 됩니다.

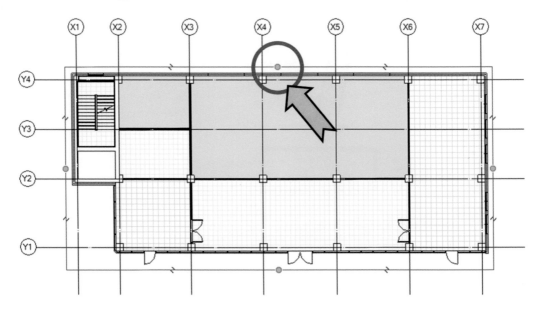

③ 편집이 종료되면 영역 숨기기를 선택합니다. 영역 라인이 숨겨집니다.

④ 아래와 같이 영역이 설정 됩니다.

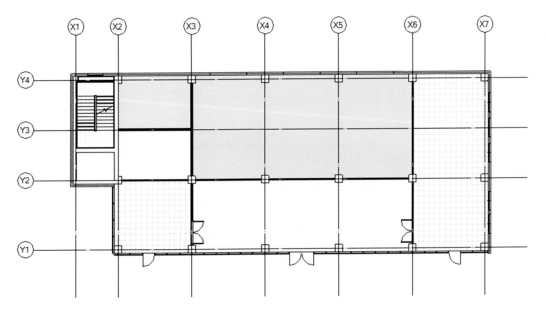

[치수 작성]

① 주석 탭의 정렬을 선택합니다.

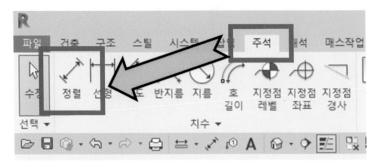

② 새로운 치수 유형을 작성하기 위해 유형 편집을 선택합니다.

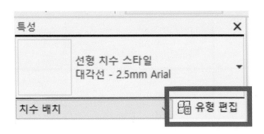

③ 복제 명령을 선택 후 유형 명을 선택합니다.

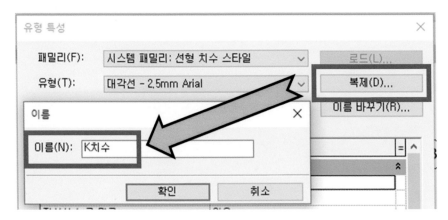

④ 특성 중 [요소와 치수 보조선 간격] 값을 조정합니다. 이 값은 객체와 치수 보조선 사이의 값입니다. [치수선 스냅 거리] 값을 8로 변경합니다. 이 값은 연속 치수 작성 시 치수선과 치수선 사이의 간격입니다.

⑤ [문자 간격띄우기] 값을 변경합니다. 이 값은 치수선과 치수와의 간격입니다.
마지막으로 원하는 글꼴을 지정합니다.

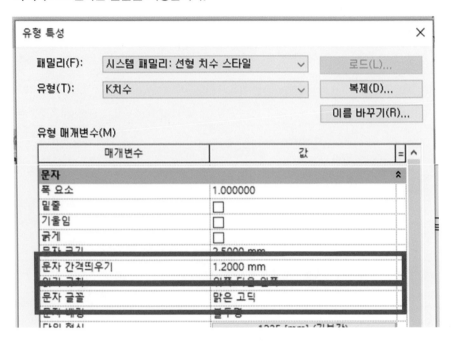

⑥ 치수 작성은 그리드 라인을 연속으로 선택합니다. 치수 명령의 종료는 임의의 지점을 선택하면
명령이 종료됩니다.

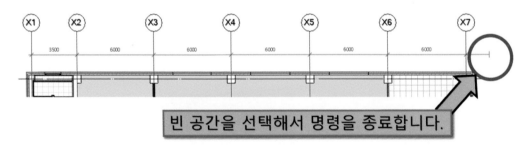

빈 공간을 선택해서 명령을 종료합니다.

⑦ 아래와 같이 세부 치수 작성 후 전체 치수 기입은 자동으로 스냅이 걸리게 됩니다.

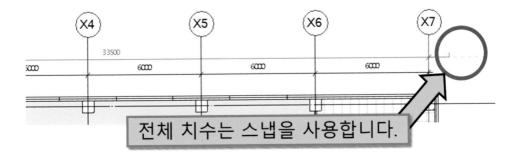

[주석 작성]

① 문자는 주석 탭에 있는 문자 명령을 사용합니다.

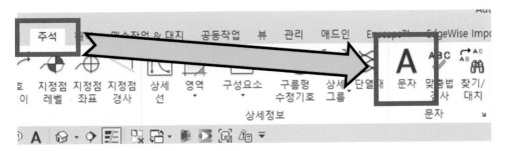

② 문자열의 중심 정렬을 위해 중앙 정렬을 선택합니다.

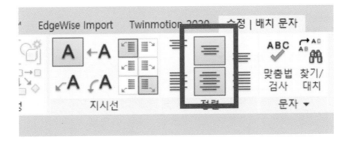

③ 원하는 자리를 선택한 후 문자를 입력합니다. 입력이 끝나면 화면 임의의 지점을 선택하면 명령이 종료됩니다.

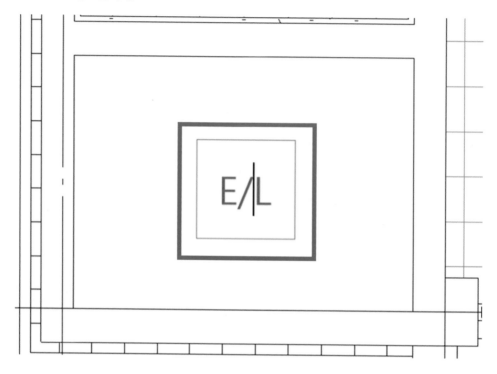

[해치 패턴(마스크 영역) 작성]

① 마스크 명령은 캐드에서 해치 명령과 같습니다. 지정된 영역에 사용자가 원하는 패턴을 적용하는 명령입니다.

② 주석 탭의 영역 명령을 실행합니다.

③ 패턴을 지정하기 위해서 유형 편집을 선택합니다.

④ 복제 명령을 사용해서 새로운 유형을 작성합니다. 유형 명은 분류가 가능하도록 작성합니다.

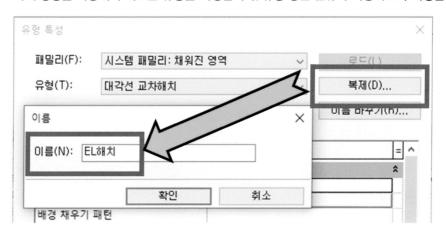

⑤ 전경 채우기 패턴의 우측 끝부분을 선택해서 패턴을 선택합니다. 패턴 선택 후 확인를 선택합니다.

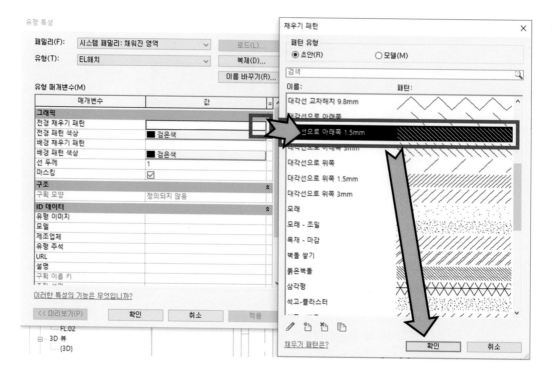

Revit 건축모델링

⑥ 스케치 명령에서 직사각형 그리기 작성을 이용해서 영역을 스케치 합니다.

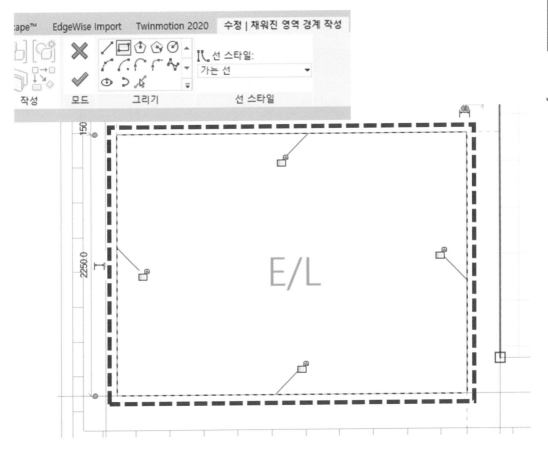

⑦ 완료 된 모습입니다.

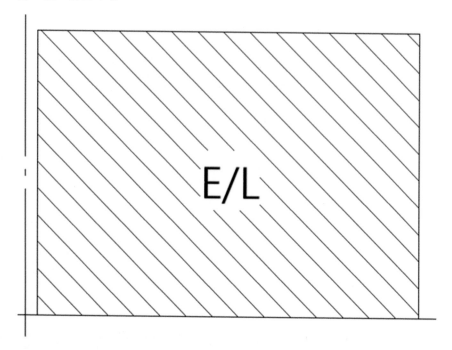

– 룸 태그와 치수 명령을 이용해서 아래와 같이 작업을 진행합니다.

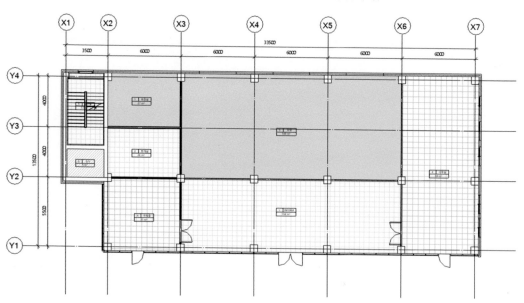

- 작성 완료된 도면을 출력하는 방법을 알아봅니다.

- 제목 블록을 이용해서 도면을 배치하는 방법을 학습합니다.

[Sheet 작성]

① 시트는 탐색기에서 만드는 방법과 아래와 같이 뷰 탭에 있는 시트를 실행하는 방법이 있습니다.

② 도면은 A1을 선택합니다.

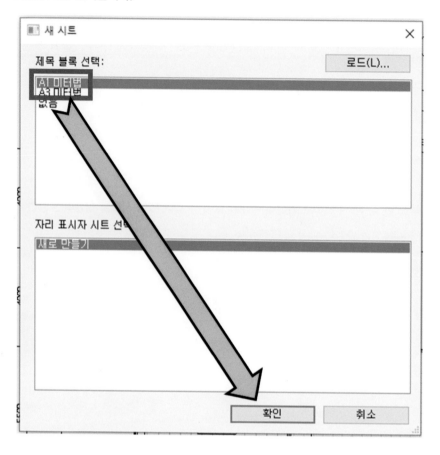

③ 도면 배치는 뷰 탭에 있는 뷰 명령을 사용합니다.

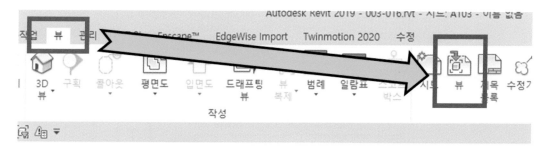

④ 편집이 완료된 도면을 선택합니다.

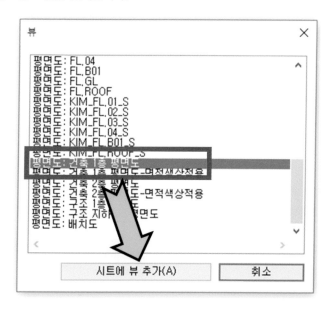

⑤ 평면도가 삽입되면 아래와 같이 타이틀 선이 아래 화면처럼 길게 나옵니다. 길이를 줄이는 방법은 로드 한 뷰를 (1) 선택하면 아래와 같이 제목에 정점이 생성됩니다. 이 (2) 정점을 드래그해서 길이를 조정하면 됩니다.

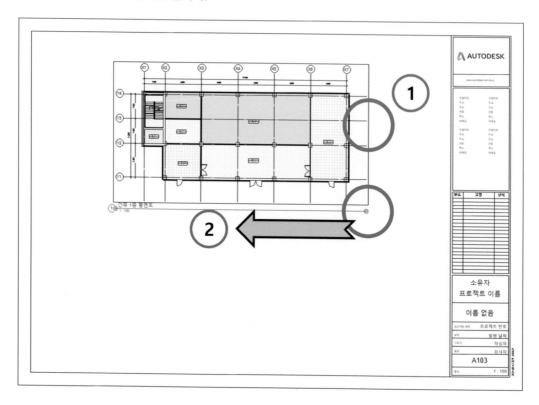

| Revit 건축모델링

⑥ 제목의 위치는 다른 객체가 선택되지 않은 상태에서 제목을 선택 후 드래그하면 원하는 위치로 이동이 됩니다.

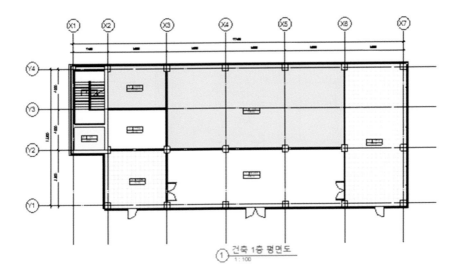

⑦ 일람표나 3D 뷰를 삽입 할 경우는 뷰 탭에 있는 뷰 명령을 사용해도 되고 아래와 같이 뷰를 선택 후 드래그해서 배치해도 작성이 됩니다.

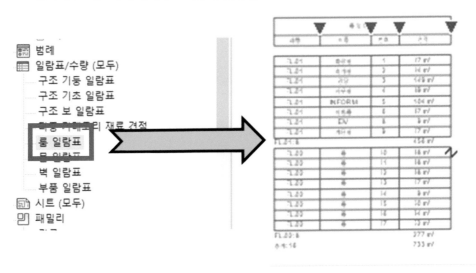

⑧ 완료된 도면 샘플입니다.

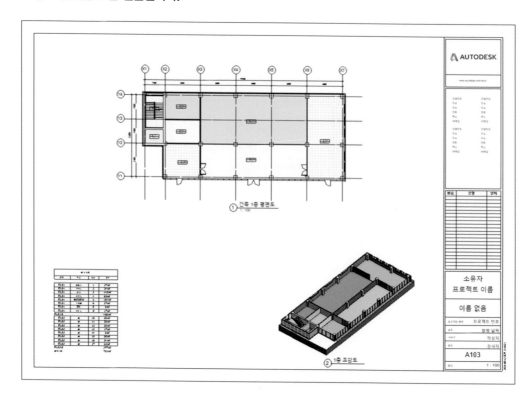

[도면 출력]

① 파일 탭에서 인쇄를 선택합니다.

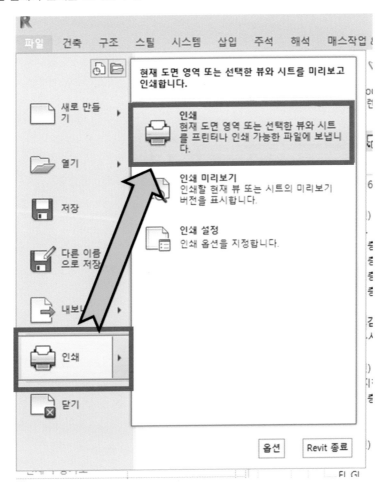

② 한 장의 도면이 아닌 여러 장을 출력할 경우 (1) 옵션을 선택합니다. 여러 장을 출력할 경우 (2)를, 뷰 시트의 선택은 (3) 옵션을 선택합니다.

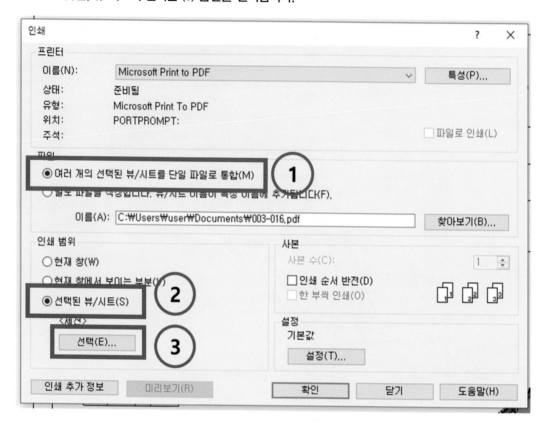

Revit 건축모델링

③ 출력할 도면을 선택하고 확인을 누릅니다.

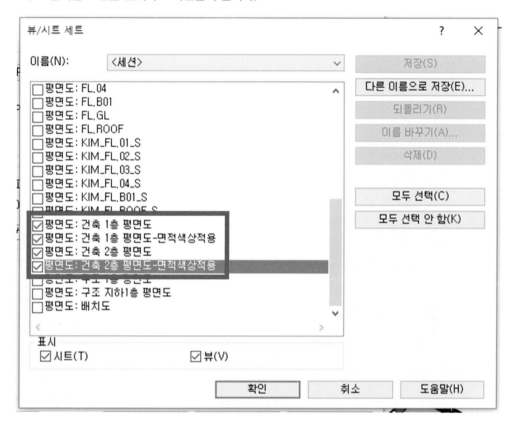

④ 설정 저장은 필요할 경우 저장을 하고 일반적인 경우라면 하지 않아도 됩니다.

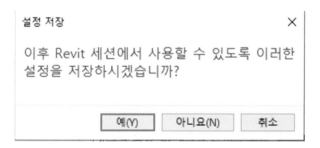

⑤　기본 값 설정은 아래와 같이 출력 도면의 사이즈(프린터 종류에 따라서 달라질 수 있습니다.)와 줌
의 사용(페이지에 맞출 경우 여백이 생길 수 있습니다.) 여부, 모양에서는 색상을 흑백(필요에 의해
서 색상을 놓고 출력 할 경우도 있습니다.)으로 변경해서 선택합니다.

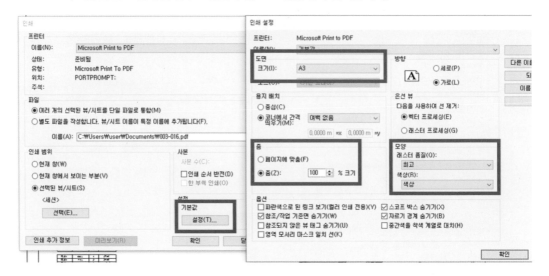

⑥　저장 경로를 지정하면 PDF 파일로 저장이 완료 됩니다.

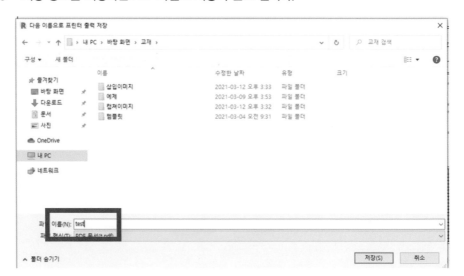

- 건축 마감 예제의 교재에서 작성된 부분과 중복되는 부분은 간단하게 요점만 짚고 넘어가도록 하겠습니다.
- 작업의 순서는 내부 ⇨ 외부 순으로 작업이 진행되고 벽 ⇨ 바닥 순서로 작업을 진행하도록 하겠습니다.

11.1 벽 작성

[내벽 작성]

- 구조편에서 작성이 완료된 모델을 기준으로 작업을 진행하겠습니다.

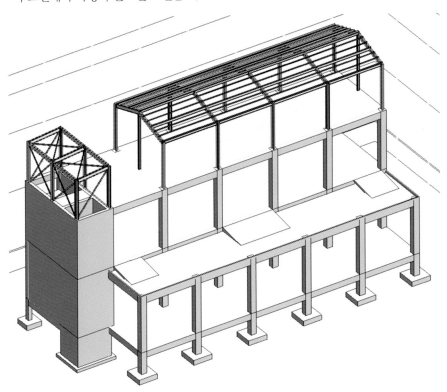

① 1층 평면 뷰를 오픈합니다.

② 뷰 범위를 조정합니다. 구조는 참고 사항이기 때문에 아래와 같이 뷰 깊이 값을 (−500)으로 지정합니다.

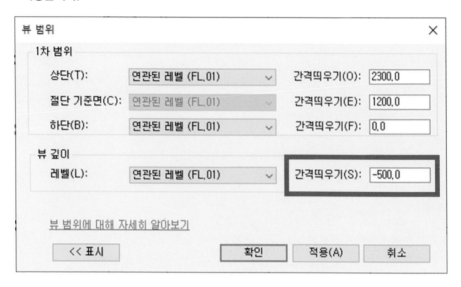

③ 상세 수준과 비주얼 스타일을 선택합니다.

④ 교재 앞 부분에 만들었던 벽체 유형을 확인합니다. 없다면 아래의 표를 참고하여 유형을 작성 합니다.

벽 형상	레이어 종류

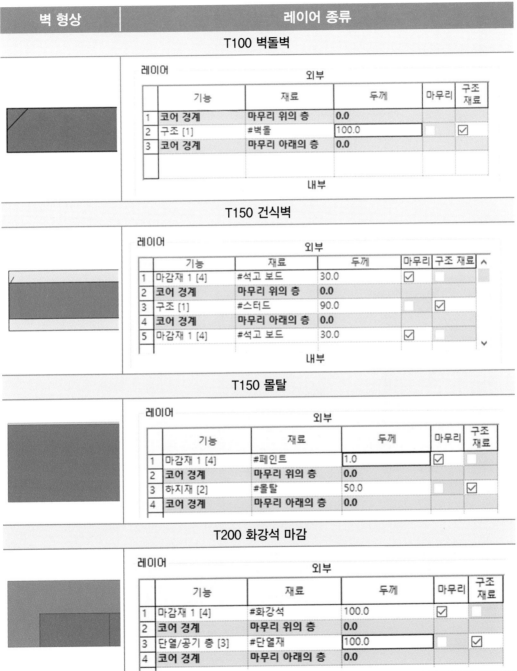

T100 벽돌벽

레이어

외부

	기능	재료	두께	마무리	구조 재료
1	코어 경계	마무리 위의 층	0.0		
2	구조 [1]	#벽돌	100.0		☑
3	코어 경계	마무리 아래의 층	0.0		

내부

T150 건식벽

레이어

외부

	기능	재료	두께	마무리	구조 재료	
1	마감재 1 [4]	#석고 보드	30.0	☑		^
2	코어 경계	마무리 위의 층	0.0			
3	구조 [1]	#스터드	90.0		☑	
4	코어 경계	마무리 아래의 층	0.0			
5	마감재 1 [4]	#석고 보드	30.0	☑		∨

내부

T150 몰탈

레이어

외부

	기능	재료	두께	마무리	구조 재료
1	마감재 1 [4]	#페인트	1.0	☑	
2	코어 경계	마무리 위의 층	0.0		
3	하지재 [2]	#몰탈	50.0		☑
4	코어 경계	마무리 아래의 층	0.0		

T200 화강석 마감

레이어

외부

	기능	재료	두께	마무리	구조 재료
1	마감재 1 [4]	#화강석	100.0	☑	
2	코어 경계	마무리 위의 층	0.0		
3	단열/공기 층 [3]	#단열재	100.0		☑
4	코어 경계	마무리 아래의 층	0.0		

⑤ 아래의 벽 태그를 참고하여 벽을 작성합니다.

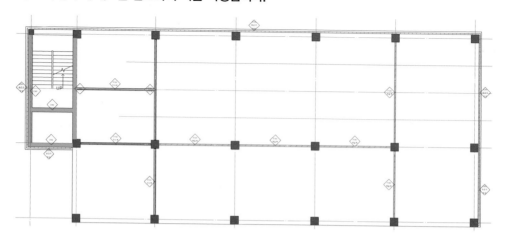

⑥ 좌측 확대 도면입니다.

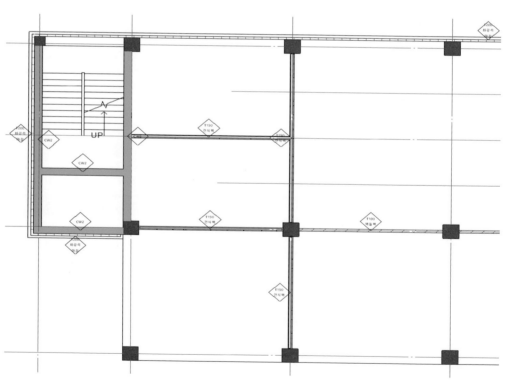

⑦ 우측 확대 도면입니다.

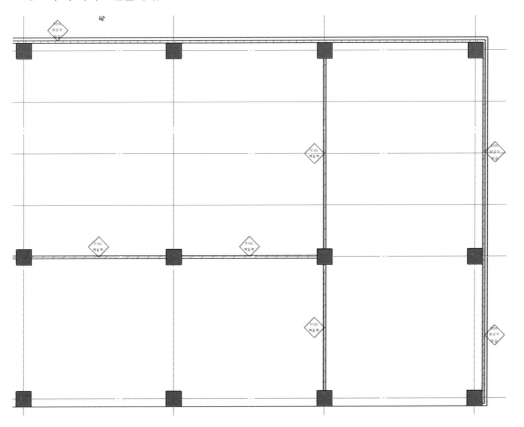

‒ 벽 작업이 끝나면 아래와 같이 3D뷰에 구획 상자(단면 상자)를 이용해서 확인할 수 있습니다.

① **외벽을 작성 할 경우 외벽의 높이는 아래 그림과 같이 작성 된 구조 벽에 맞추도록 합니다.**

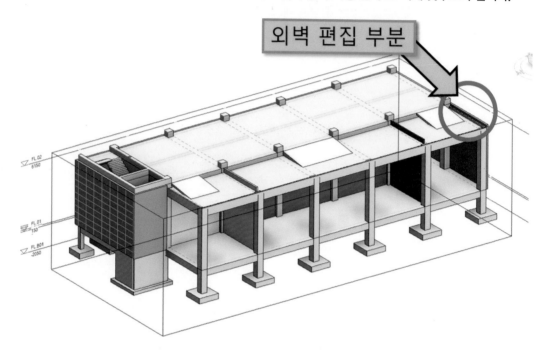

② **외벽의 경우 SL을 이용해서 간단하게 편집을 할 수 있습니다. SL 명령을 이용해서 벽을 절단 후 AL을 이용해서 높이와 위치를 변경할 수 있습니다.**

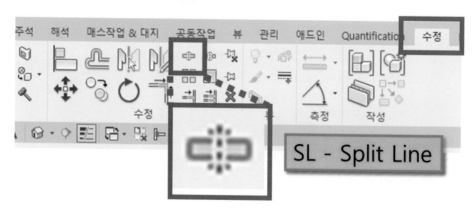

③ SL명령을 선택(입력) 한 후 외벽 임의의 지점을 선택합니다.

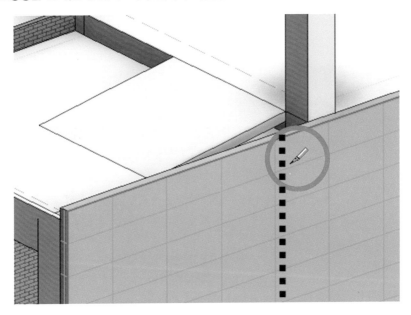

④ 벽이 분리된 것을 확인합니다.

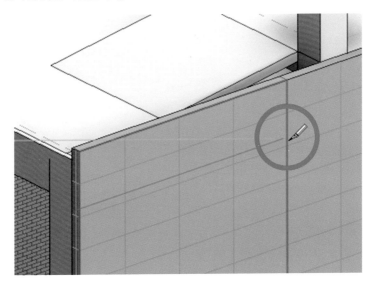

⑤ AL명령을 사용해서 아래와 같이 높이를 변경합니다.

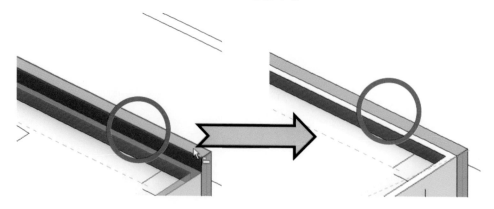

⑥ 구조 기둥 측면을 이용해서 구조 외벽의 위치를 조정합니다.

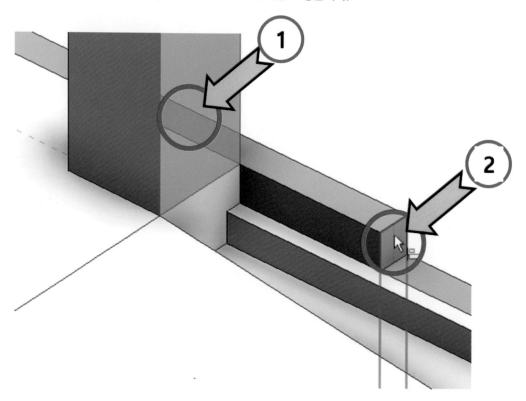

⑦ 아래와 같이 벽이 완성된 것을 확인합니다.

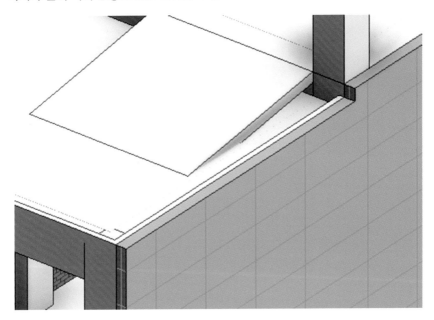

⑧ 내벽의 높이 편집은 두 가지 방법을 이용합니다. 결합을 이용하는 방법과 특성 창의 높이를
조정해서 변경하는 방법입니다.

① 바닥을 선택해서 HH를 이용해서 객체를 숨겨줍니다. 벽을 아래와 같이 선택합니다.

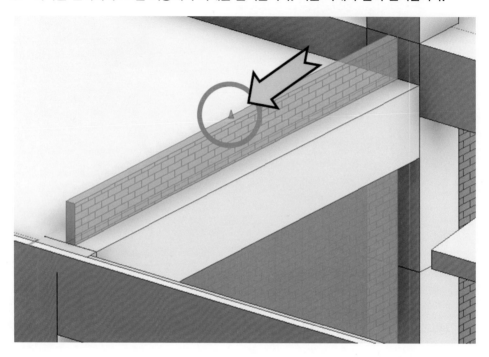

② 삼각형 핸들을 드래그 해서 구조 프레임(보)의 하단 면 부분에 맞추면 가이드 라인과 함께
스냅이 걸립니다.

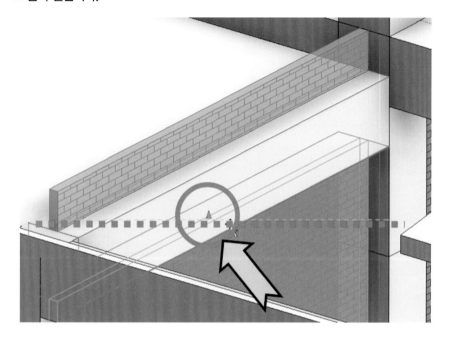

③ 두 번째 방법은 아래의 벽을 선택합니다. 작업 부분을 확인하기 위해서 구획 상자를 이용해서
단면의 위치를 조정합니다.

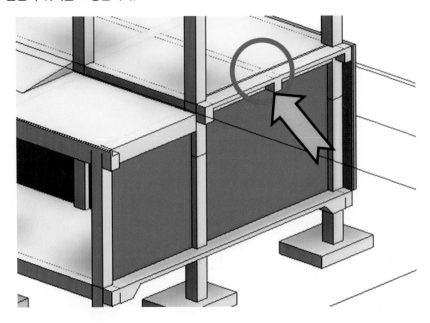

④ 수정 탭의 경합을 선택합니다.

⑤ 벽을 선택한 후 구조 프레임을 선택합니다.

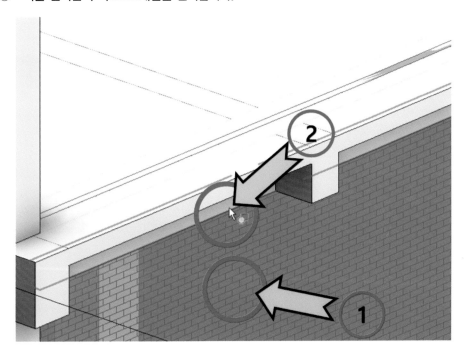

⑥ 결합이 된 것을 확인할 수 있습니다.

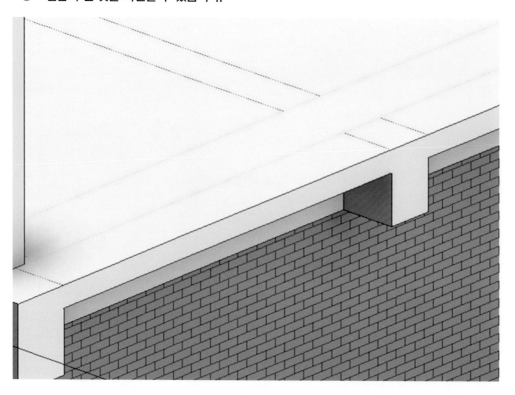

Revit 건축모델링

⑦ 치수를 사용하는 방법도 있습니다. 아래와 같이 벽을 선택한 후 특성 탭에서 보의 높이 값을 (−) 입력해서 높이를 맞출 수 있습니다.

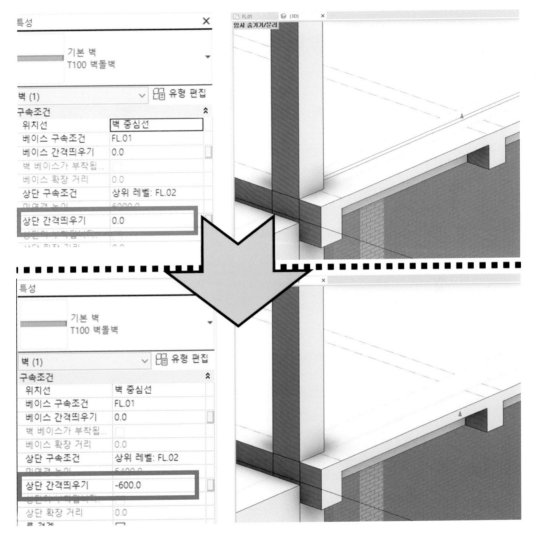

⑧　아래와 같이 내벽의 높이 값을 조정합니다.

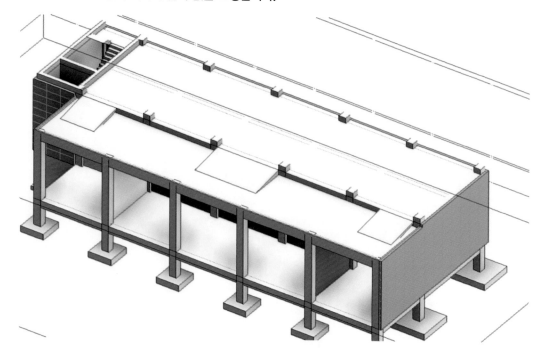

⑨　2층은 아래의 태그를 참고해서 벽을 작성합니다.

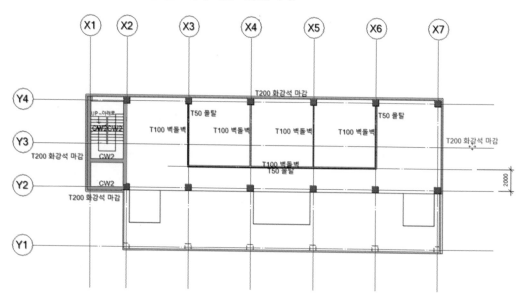

　Revit 건축모델링

⑩ 좌측 부분 확대입니다.

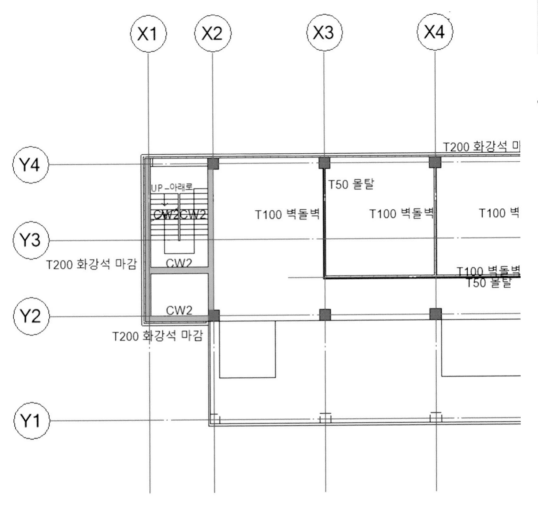

⑪ 우측 부분 확대입니다.

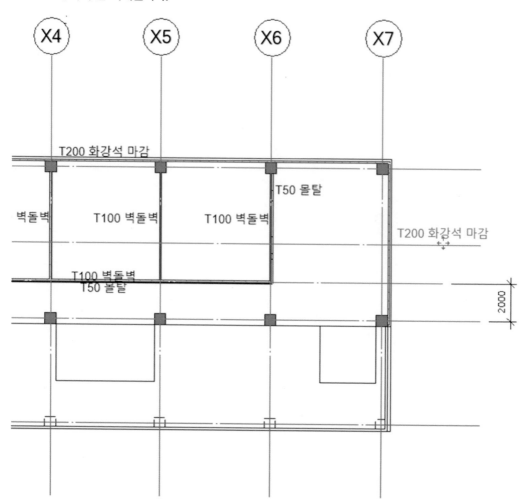

Revit 건축모델링

⑫ 완성된 이미지입니다.

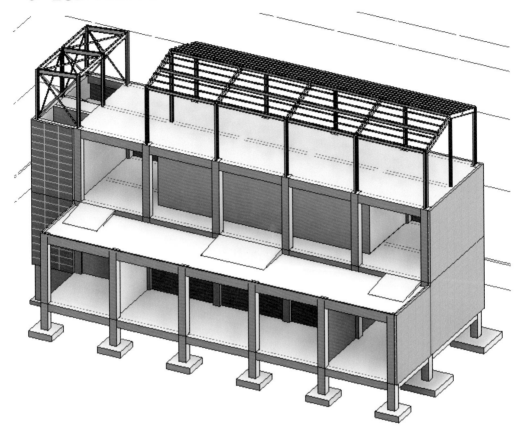

- 1층 전면부와 건물의 좌측면에 커튼 월을 작성합니다.

① **커튼 월을 작성하기 전에 참조 평면을 이용해서 작성 될 부분에 스케치를 합니다.**
   (익숙한 경우에는 스케치는 사용하지 않아도 됩니다.)

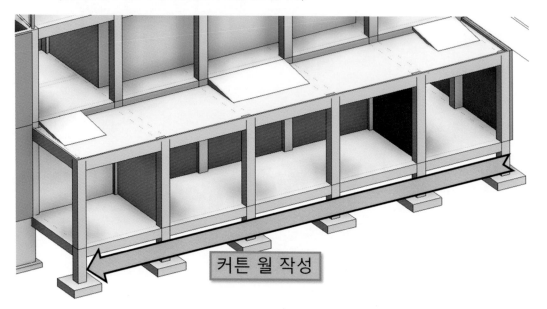

커튼 월 작성

② **참조 평면을 선택합니다.**

③ 커튼 월의 간격을 만들어 줍니다. 멀리언의 두께를 150으로 적용시키기 때문에 절반인 75를 입력합니다.

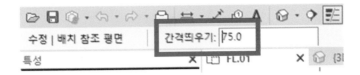

④ 아래와 같이 커튼 월의 중심을 작성하기 위해 커튼 월의 시작점을 선택합니다. 선 작성 시 원하는 방향이 아닌 경우 스페이스 바를 입력합니다.

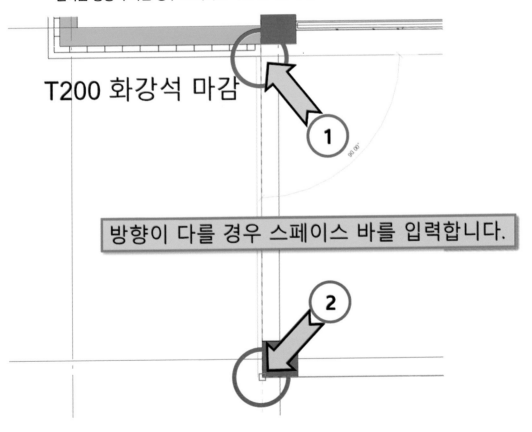

⑤ 전면 부를 덮는 커튼 월을 작성합니다.

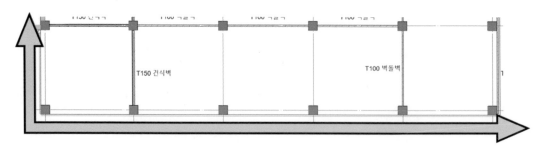

⑥ 아래와 같이 기둥의 코너 지점에서 참조 평면이 교차할 수 있도록 선을 연장합니다.

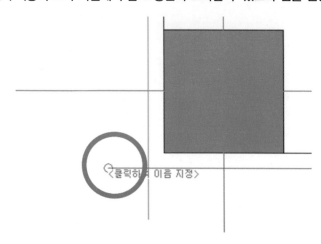

⑦ 스케치가 끝나면 커튼 월 작성을 위해서 건축 탭에 있는 명령 벽을 선택합니다.

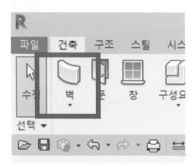

⑧ 유형에서 커튼 월 (1)을 선택합니다. 복제 (2)를 입력합니다. 유형 명 (3)을 변경합니다.

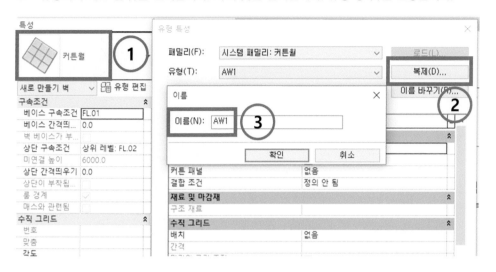

⑨ 아래와 같이 코너 지점에서 커튼 월을 작성합니다. 참조 평면을 보조 선으로 작성하고 패널 방향이 바깥으로 향하도록 스페이스 바를 입력합니다.

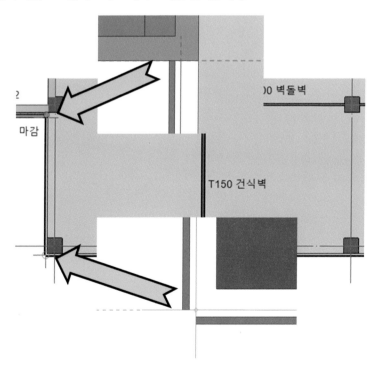

⑩ 끝 모서리 지점까지 작성하도록 합니다.

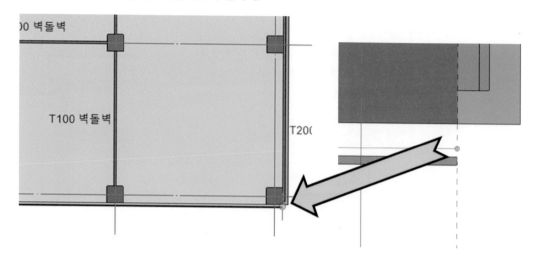

⑪ 아래와 같이 작성 된 모습을 확인 할 수 있습니다.

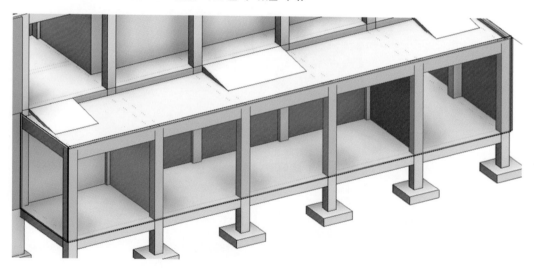

- 커튼 월의 작성은 커튼 그리드를 실행한 후 커튼 멀리언을 이용합니다. 멀리언이 적용되기 위해서는 커튼 그리드가 작성 되어 있어야 하기 때문입니다.

- 커튼 그리드를 작성하는 방법은 두 가지 정도로 나눌 수 있습니다. 유형을 통해서 작성하는 방법과 뷰를 사용하는 방법으로 나눌 수 있습니다.

- 이번 장에서는 뷰를 이용해서 그리드를 직접 그리는 방법을 학습하겠습니다.

① **남측면도로 이동합니다.**

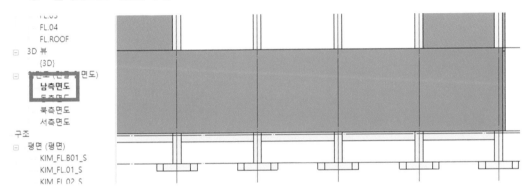

② **커튼 월을 선택한 후(1) 아래와 같이 요소 분리(2)를 실행합니다. 요소 분리는 선택 객체 외에 나머지 객체를 화면에서 숨기는 기능을 합니다.**

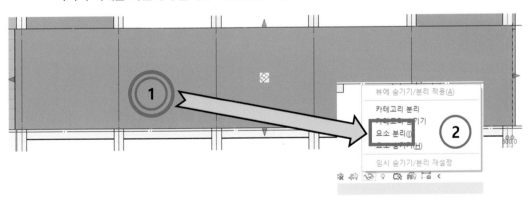

③ 아래와 같이 선택 한 커튼 월을 제외한 객체가 숨겨진 것을 확인 할 수 있습니다. 숨긴 객체를 부르는 명령은 단축키 HR입니다.

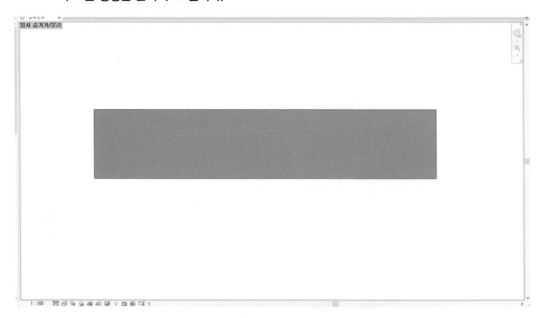

④ 멀리언 작성을 위해서 커튼 그리드 명령을 실행합니다.

⑤   수평 경계를 이용해서 아래와 같이 임의로 15~20등분을 합니다.

⑥   등 간격 적용을 위해서 치수를 이용합니다. 주석 탭에 있는 정렬 치수 명령을 사용합니다.

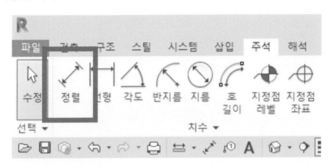

⑦   아래와 같이 치수를 입력합니다. 치수 입력 시 주의 사항은 끊지 말고 한 번에 연결해야 합니다.

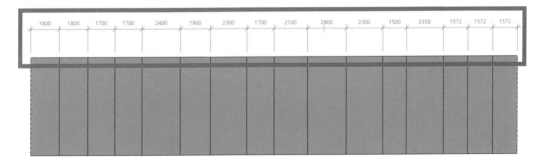

⑧ 치수 상단에 위치한 EQ 를 선택해서 등 간격을 실행합니다.

⑨ 치수 편집을 위해서 구속을 해제합니다.

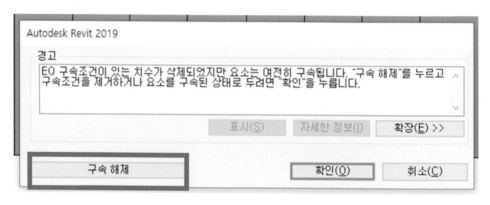

⑩ 가로는 1000 간격으로 작성합니다.

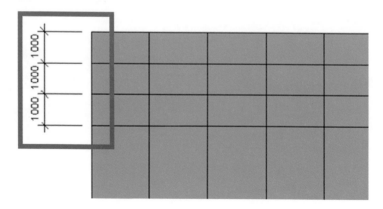

⑪ 커튼 그리드 작업이 완료되면 멀리언을 실행합니다.

⑫ 멀리언의 유형을 선택합니다. 기본값으로 작용합니다. 모든 그리드 선을 선택합니다.

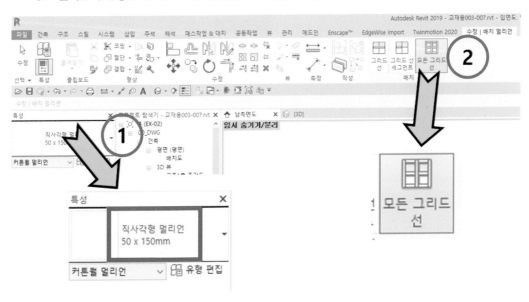

⑬   아래의 이미지와 같이 커튼 월을 선택하면 멀리언이 적용된 것을 확인 할 수 있습니다.

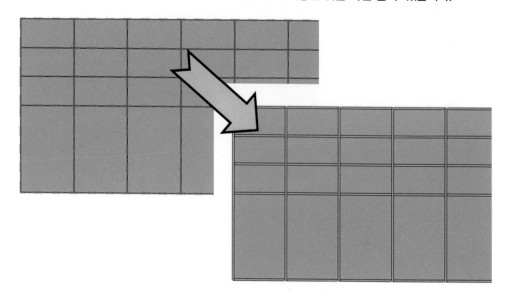

⑭   같은 방법을 이용해서 서측의 커튼 월도 작성합니다. 그리드 간격은 임의로 지정합니다.

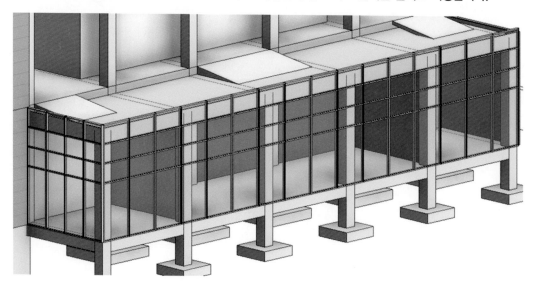

[커튼 월 편집]

– 커튼 월의 높이를 편집합니다.

– 2층 벽체 바닥을 AL을 이용해서 높이 조정을 하거나, 상단 간격 띄우기를 사용할 수 있습니다.

① **커튼 월을 선택한 후 상단 간격 띄우기 값에 −220을 입력합니다.**

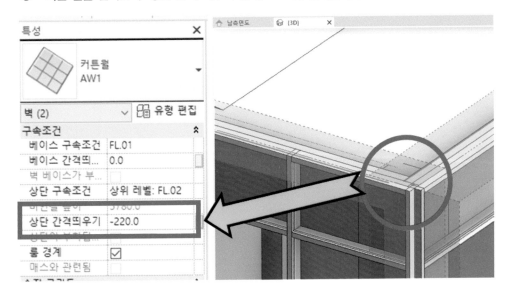

② 멀리언이 결합 되는 부분은 한 쪽 멀리언을 삭제한 후 반대편 멀리언을 변경해야 합니다. 멀리언을 선택해야 할 경우 임의의 멀리언 선택(1) 후 마우스 우 클릭 합니다. 멀리언 선택(2) 옵션에 그리드 선(3)에서를 선택하면 연결 된 그리드를 한 번에 선택할 수 있습니다. 선택된 멀리언을 삭제합니다.

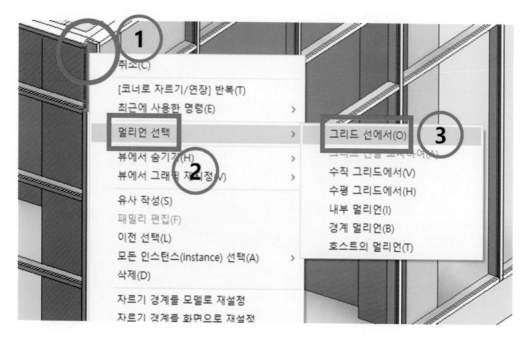

Revit 건축모델링

③ 반대쪽 멀리언을 선택한 후 아래그림과 같이 L멀리언으로 변경합니다.

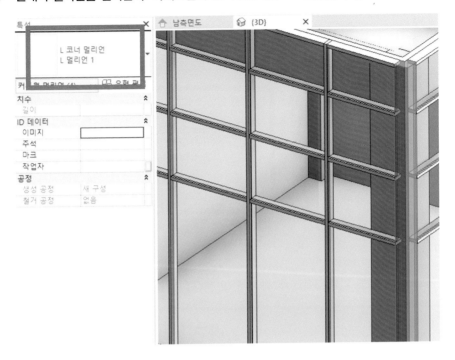

④ 커튼 월에 사용 되는 문은 일반 문이 아닌 커튼 월 전용 문을 사용해야 합니다. 삽입 탭에 있는 패밀리 로드를 선택합니다.

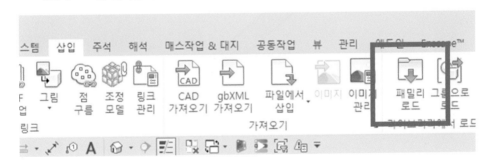

⑤ 커튼 월 패널 폴더에 위치한 문 폴더를 열어줍니다.

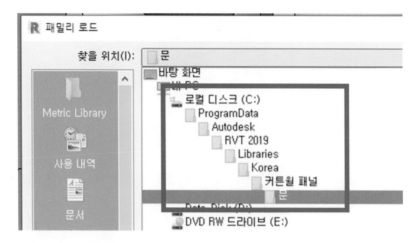

⑥ 키보드의 컨트롤 키를 입력한 후 세 개를 선택해서 열기를 누릅니다.

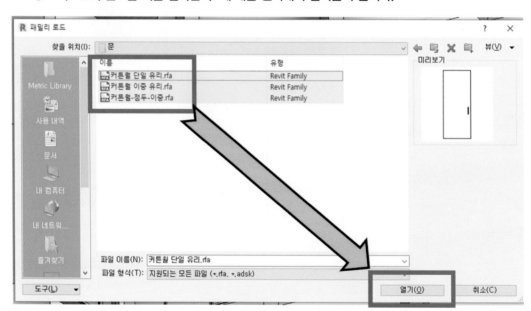

⑦ 적용 방법은 아래와 같이 문이 들어갈 커튼 월 패널을 선택합니다. 키보드의 탭 키를 사용해서 패널을 선택합니다. 선택 된 패널의 유형을 아래와 같이 변경하면 문이 적용되는 것을 확인 할 수 있습니다.

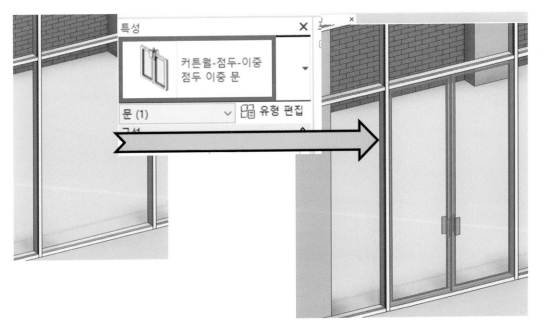

⑧ 위의 방법을 이용해서 제공된 모델에 커튼 월과 문을 작성해 봅니다.

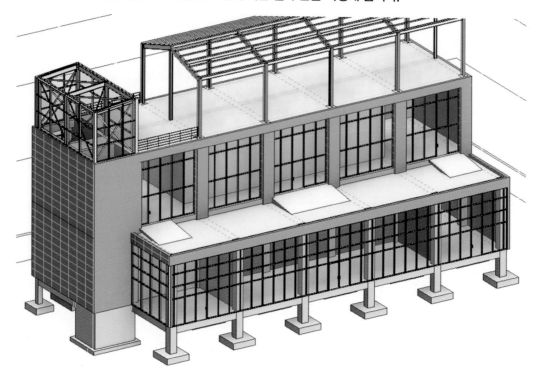

⑨ 옥상 부분의 경사 유리는 지붕을 이용해서 작성합니다. 건축 탭의 지붕을 선택합니다.

⑩ 유형에서 경사 유리를 선택 한 후 복제를 이용해서 새로운 유형을 만들어줍니다.

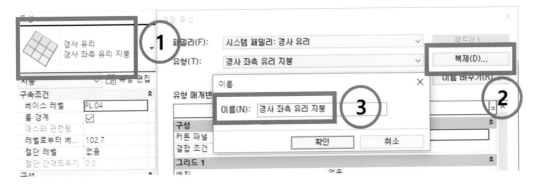

⑪ 경계를 스케치 한 후 아래와 같이 좌측 면만 경사를 적용합니다. 경사 각도는 5°로 지정합니다.

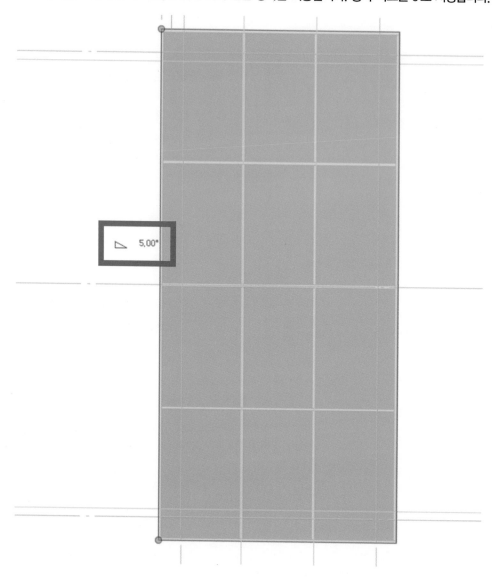

⑫　완료 후 커튼 그리드와 멀리언을 사용합니다.

⑬　남측면도로 이동한 후 경사 지붕을 이동 명령을 이용해서 아래와 같이 작업합니다.

⑭　여의치 않을 경우 경사에 맞춰 참조 평면을 작성 한 후 커튼 월을 선택합니다. 상단/베이스
　　부착을 이용해서 참조 평면을 선택해서 결합을 할 수 있습니다.

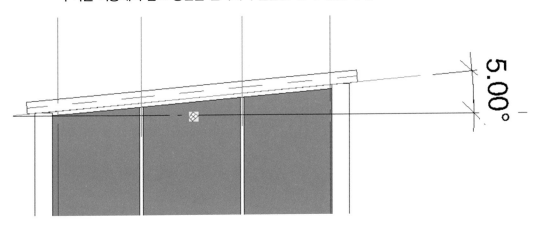

11.2 건축 바닥 작성

- 건축 바닥은 벽체 작업 전이나 후에 작성을 하게 됩니다.
- 일반적으로 공사 순서에 맞춰서 작업을 진행을 합니다.
- 바닥 작성 시에 주의할 점은 레벨의 높이를 잘 확인해야 합니다. 바닥은 구조와 건축에 상관 없이 레벨 기준으로 아래쪽으로 작성이 됩니다. 건축 바닥의 경우 반드시 간격띄우기를 이용 해서 높이를 맞춰 줍니다.
- 위에서 작성한 바닥 유형을 사용해서 건축 바닥을 작성하도록 하겠습니다.

바닥 단면 형상	레이어 종류					

T40 화강석 타일

	기능	재료	두께	마무리	구조 재료	변수
1	코어 경계	마무리 위의 층	0.0			
2	마감재 1 [4]	#화강석타일	20.0		☐	☐
3	하지재 [2]	#몰탈	20.0		☑	☐
4	코어 경계	마무리 아래의 층	0.0			

T40 데코 타일

	기능	재료	두께	마무리	구조 재료	변수
1	코어 경계	마무리 위의 층	0.0			
2	마감재 1 [4]	#데코 타일 ...	10.0		☐	☐
3	하지재 [2]	#몰탈	30.0		☑	☐
4	코어 경계	마무리 아래의 층	0.0			

T80 강화마루

	기능	재료	두께	마무리	구조 재료	변수
1	코어 경계	마무리 위의 층	0.0			
2	마감재 1 [4]	#강화마루 ...	30.0		☐	☐
3	하지재 [2]	#몰탈	50.0		☑	☐
4	코어 경계	마무리 아래의 층	0.0			

[마감 바닥 작성]

① 건축 1층 바닥을 기준으로 작성을 합니다. 아래의 방법을 이용해서 남은 공간 바닥을 작성합니다.

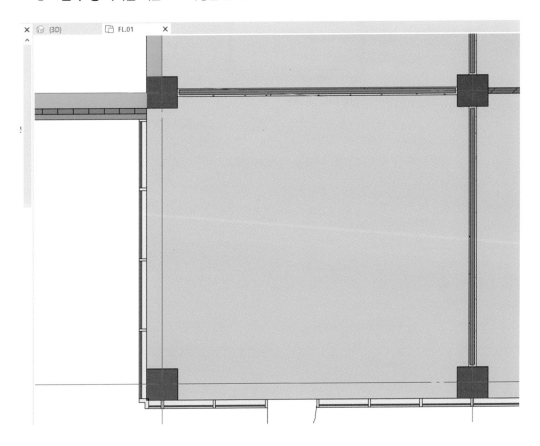

② 건축 탭에 있는 바닥 명령을 실행합니다.

③ 준비한 유형을 선택합니다. 바닥의 마감은 자율적으로 지정합니다.

④ 벽과 기둥 안쪽을 경계로 바닥 영역을 스케치 합니다.

⑤　완료 전 레벨로부터 높이 값을 지정합니다. 보통의 경우 건축 바닥의 두께를 입력합니다.

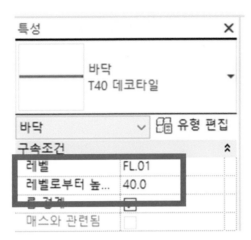

⑥ 완료를 누른 후 완성된 바닥을 확인합니다.

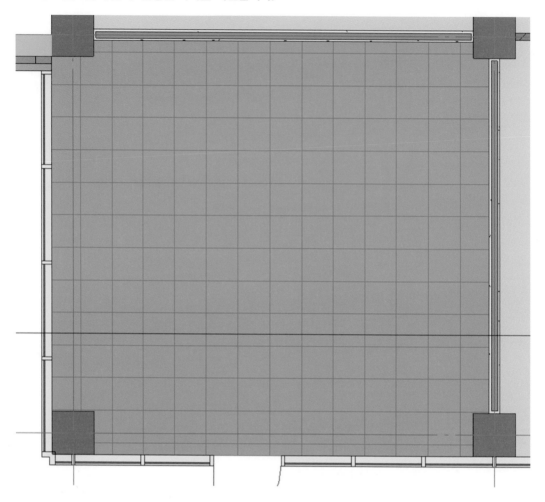

⑦   아래와 같이 단면으로 바닥이 제대로 작성되었는지 확인합니다.

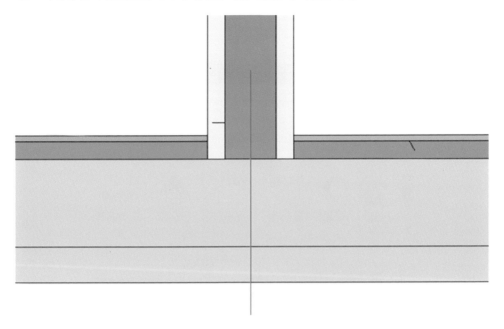

⑧   다른 실들에 바닥을 작성합니다. 바닥은 원하는 형태를 작성하면서 연습하도록 합니다.

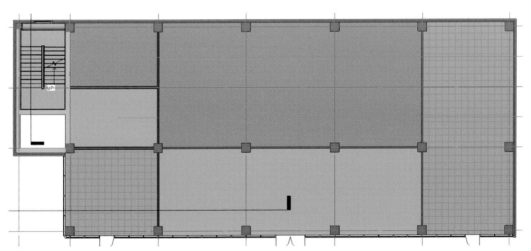

11.3 천장 작성

[천장 작성 : 기본]

① 천장 마감은 천장 평면도를 작성한 후 작업을 진행합니다.

② 천장 평면도는 뷰 탭의 반사된 청장 평면도 명령을 선택하면 됩니다.

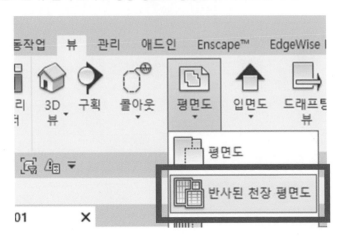

③ 기본 적용 방법을 학습하기 위해서 우선 1층만 선택합니다.

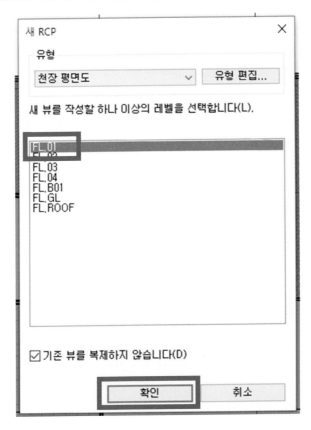

④ 건축 탭의 천장 명령을 실행합니다.

⑤ 자동 천장 기능이 있지만 천장 스케치를 사용합니다. 자동 천장이 적용되지 않는 부분도 있습니다.

⑥ 특성 탭에서 유형(1)과 레벨 높이(2)를 선택합니다.

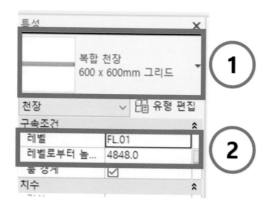

⑦ 아래의 이미지를 참고해서 천장의 경계를 작성합니다.

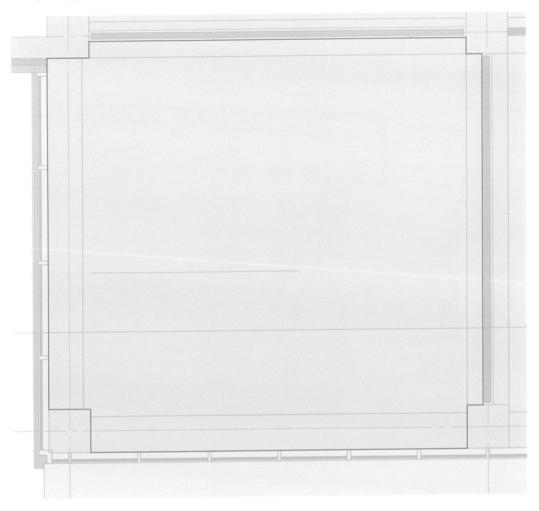

[천장 작성 : 응용]

① 대부분의 천장의 경우 바닥과 동일한 경우가 많습니다. 이 방법은 바닥의 경계 스케치를 복사해서 사용하는 방법입니다.

② 천장이 적용될 부분의 바닥을 선택해서 경계 편집을 실행합니다.

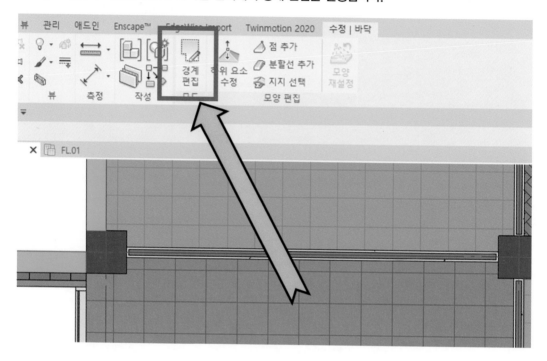

③ 스케치 선을 모두 선택한 후 클립보드로 복사 명령을 선택합니다.

④ 바닥 편집 명령은 취소를 입력합니다.

⑤ 천장 명령을 실행합니다.

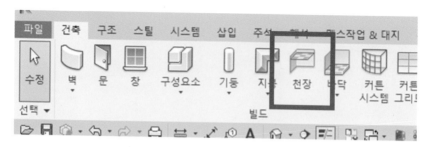

⑥ 천장 스케치 명령을 선택합니다.

⑦ 붙여 넣기 하단의 현재 뷰에 정렬을 실행합니다.

⑧ 천장의 유형과 높이를 확인 후 완료를 입력합니다.

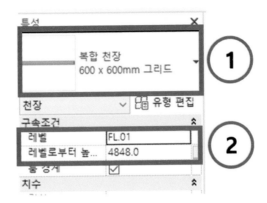

⑨ 천장 명령을 완료합니다.

11.4 건축 마감 계단 작성

- 건축 계단 마감은 구조 작업 후 진행을 합니다.
- 주의 할 점은 구조 계단과 다르게 챌판과 디딤판으로 구별되는 유형을 작성해야 한다는 점과 계단 작성 후 이동 명령을 통해서 마감 면을 맞춰야 한다는 점입니다.

[건축 마감 계단 : 유형 작성]

① 건축 계단 작성을 위해서 아래와 같이 평면도와 단면도를 동시에 볼 수 있도록 뷰를 설정합니다.(WT를 이용해서 뷰를 정리합니다.)

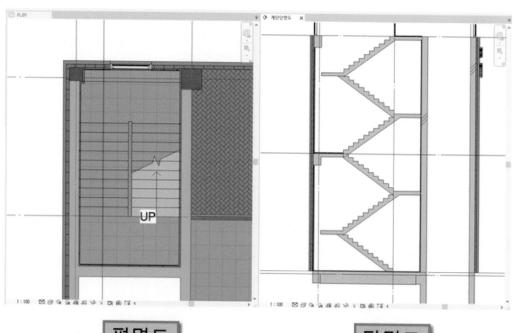

평면도　　　　　　　　단면도

② 평면도 뷰를 선택한 후 계단 명령을 실행합니다.

③ 조합된 계단 유형을 선택(1) 한 후 복제(2)합니다. 복제 후 유형 명은 임의로 지정(3)합니다.

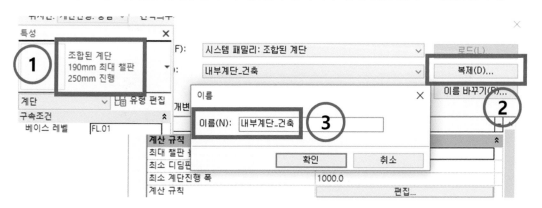

④ 이번 예제에서는 유형 하단의 지지는 모두 없음을 선택합니다.

지지		⌃
오른쪽 지지	없음	
오른쪽 지지 유형	<없음>	
오른쪽 횡력 간격띄우기	0.0	
왼쪽 지지	없음	
왼쪽 지지 유형	<없음>	
왼쪽 횡력 간격띄우기	0.0	
중간 지지	☐	
중간 지지 유형	<없음>	
중간 지지 번호	0	
그래픽		⌃

⑤ 계단 진행 유형을 편집합니다. 디딤판과 챌판 옵션 및 사이즈는 아래의 이미지를 참고합니다.

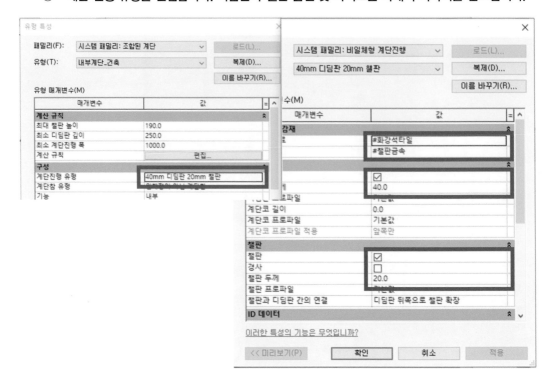

① 디딤판의 깊이를 지정합니다. 후에 수정이 되지 않으므로 구조 부분의 치수 혹은 건축 도면

상의 치수를 반드시 확인합니다.

② 레벨의 높이에 디딤판의 두께를 반영합니다.

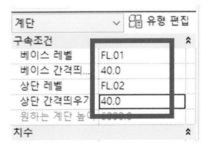

③ 구조 계단의 시작점에서 (1)점을 선택합니다. 첫 계단의 끝점(2)을 선택합니다.

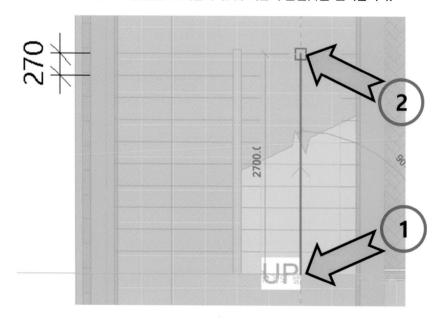

④ 아래와 같이 두 번째 계단 시작점인 (3)지점을 선택합니다. 끝점(4)를 선택합니다.

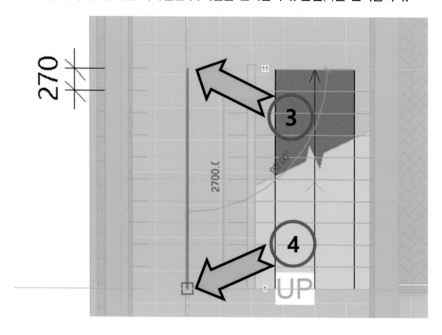

⑤ 예제의 층고가 높아서 한 번 더 계단을 작성합니다. (5)시작점을 선택 한 후 (6)지점을 선택해서
마무리합니다.

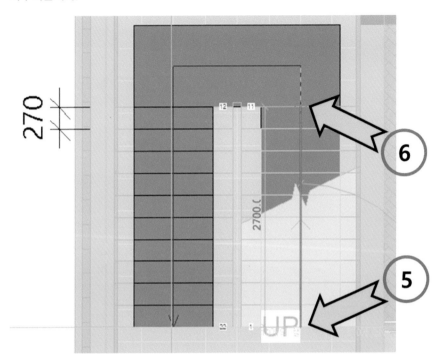

⑥ 계단 단면도로 이동한 후 아래 이미지와 같이 건축 계단을 선택한 후 구조 계단 반대편으로
  챌판 두께인 20mm씩 이동합니다. (작성된 구조 계단의 반대편으로 이동시켜 줍니다.)

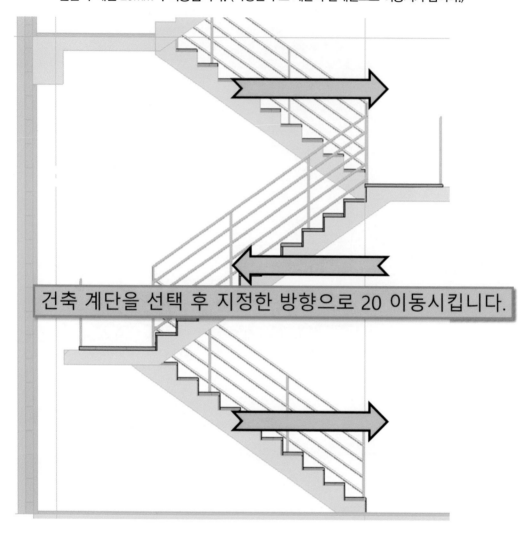

건축 계단을 선택 후 지정한 방향으로 20 이동시킵니다.

⑦ 2층 레벨에 결합되는 부분의 건축 계단을 선택합니다. 아래와 같이 챌판으로 끝남 옵션을 제거합니다.

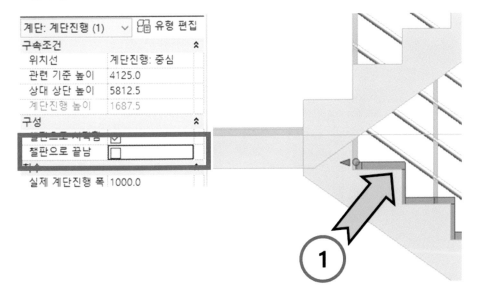

⑧ 정점(원형)을 선택한 후 계단 한 칸 정도의 너비를 드래그합니다. 아래와 같이 계단이 작성 된 것을 확인 할 수 있습니다.

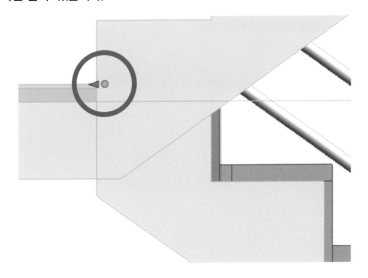

⑨ 계단 단면도에서 아랫 부분의 계단부터 선택합니다. 건축 평면도를 보면 계단의 폭을 조정할 수 있습니다.

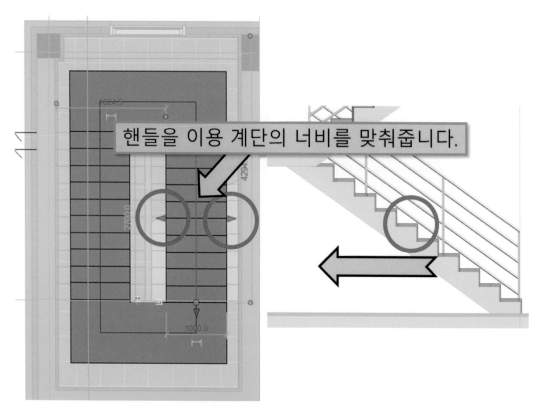

⑩ 너비를 조정할 경우에는 건축벽체 마감 선을 참고해서 맞춰줍니다.

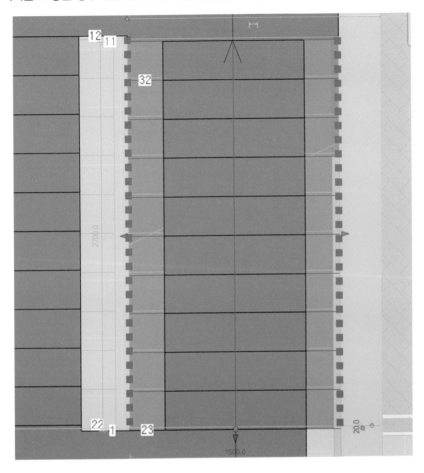

⑪   계단의 너비 조정이 끝나면 계단참을 조정해 줍니다.

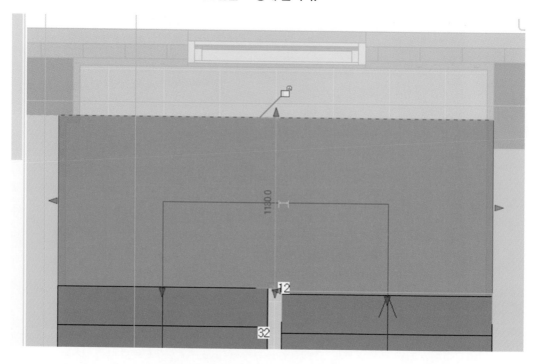

⑫   계단 편집이 완료되면 완료를 선택해서 명령을 종료합니다.

⑬   같은 방법으로 2층에서 3층으로 올라가는 계단을 작성합니다.

11.5 지형 작성

- 지형면 작성 명령은 매스 & 대지 탭에 위치하고 있습니다.
- 지형 작성은 점 배치와 지형도를 이용한 작성 두 가지로 나눌 수 있습니다.
- 지형 관련한 데이터가 있다면 지형 정보를 활용하는 것이 우선이고, 그렇지 않다면 점 배치를 이용한 방법을 사용합니다.

[지형 작성]

① 지형면은 평면도 뷰에서 작성이 가능하지만 배치도에서 작업하는 것을 추천합니다. 높은 고도에서 아래를 내려다보는 상태이기 때문에 편집이 용이하다는 장점이 있습니다.

② 탐색기 탭에서 배치도를 더블 클릭합니다.

③ 매스작업 & 대지 탭에 있는 지형면 명령을 선택합니다.

④ 점 배치를 이용해서 간단한 지형을 작성하도록 하겠습니다.

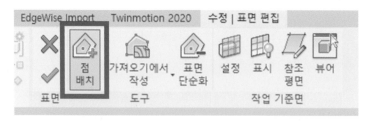

⑤ 아래 이미지와 같이 건물 모델 주변으로 직사각형 형태의 점을 입력합니다.

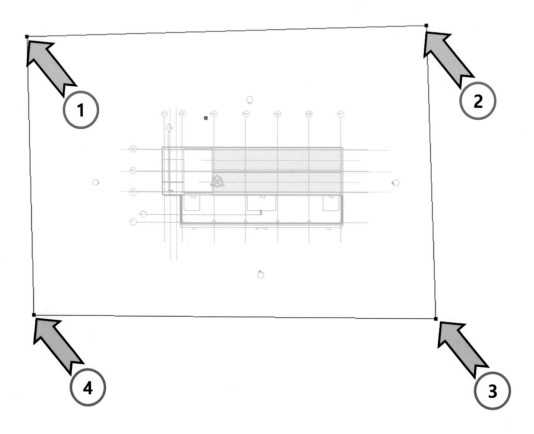

⑥　점 배치가 끝나면 완료를 입력합니다.

⑦　바닥을 선택한 후 재질을 임의로 변경합니다.

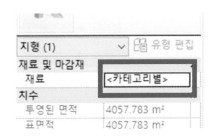

⑧ 아래와 같이 지형이 작성된 것을 확인 할 수 있습니다.

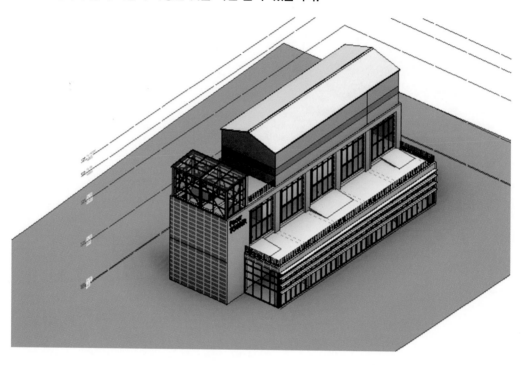

[지형 편집 : 패드 작성]

- 건물 모델과 지형이 작성이 되면 지형은 건물 모델을 피하면서 작성이 되지 않습니다.

- 건물과 지형이 서로 겹치지 않게 수정해주는 기능이 필요합니다.

- 그 기능이 바로 건물 패드이며 모델 작성이 되는 지형에만 사용할 수 있습니다.

- 여러 개의 건물 패드를 활용할 경우 경계선이 겹치지 않도록 유의합니다.

① **건물 패드를 실행합니다.**

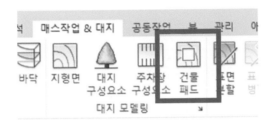

② **건물 패드 스케치 창에서 선이나 선 선택 등의 도구를 사용합니다.**

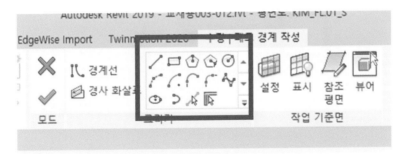

③ 아래와 같이 건물의 바닥을 기준으로 스케치합니다. 엘리베이터는 더 깊게 작성이 되기 때문에 따로 작성합니다.

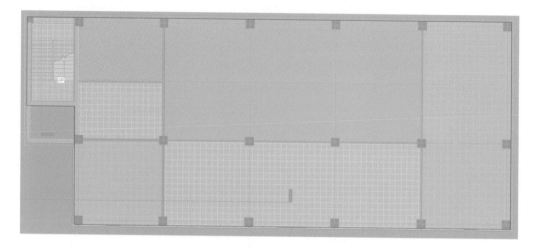

④ 스케치가 마무리되면 완료를 선택합니다.

⑤ 단면도나 입면도, 3D뷰를 활용해서 패드의 높이를 바닥 아래로 지정합니다.

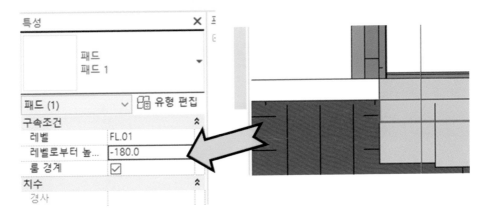

엘리베이터 부분은 별도의 패드를 작성합니다.

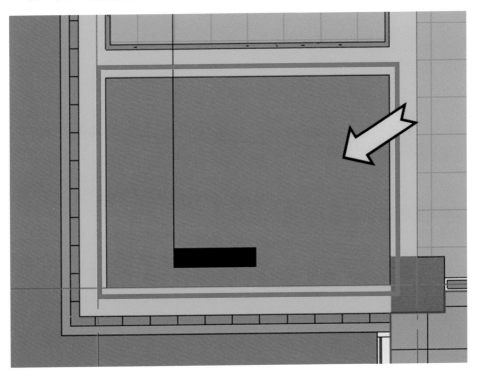

⑥ 건물 패드를 선택합니다.

⑦ 직사각형 그리기 명령을 선택합니다.

⑧ 패드가 작성 될 부분을 스케치 합니다.

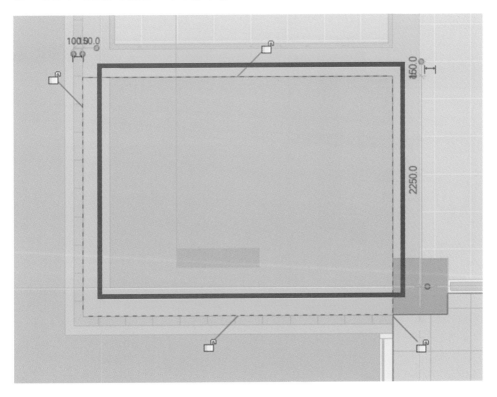

⑨ 높이 값을 엘리베이터 바닥아래인 −3000을 지정합니다.

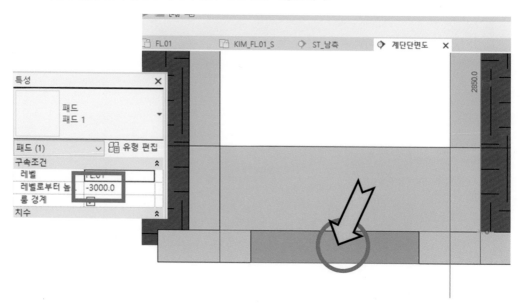

[지형 편집 : 소구역 작성]

① Revit에서 소구역은 대지 경계선이나 경사 면의 도로 표시 등에 많이 사용되는 기능입니다.

② 소구역은 지형면이 작성 된 부분에 한해서 작성됩니다.

③ 소구역 명령을 선택합니다.

④ 스케치 도구를 사용합니다.

⑤ 아래와 같이 대략적인 스케치선을 작성합니다.

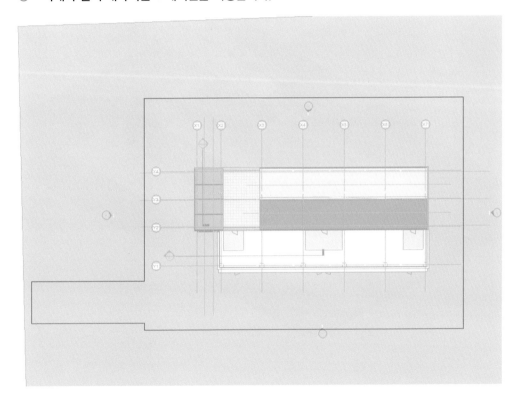

⑥ 특성 창에서 재질을 지정합니다.

⑦ 완료된 모습을 확인합니다.

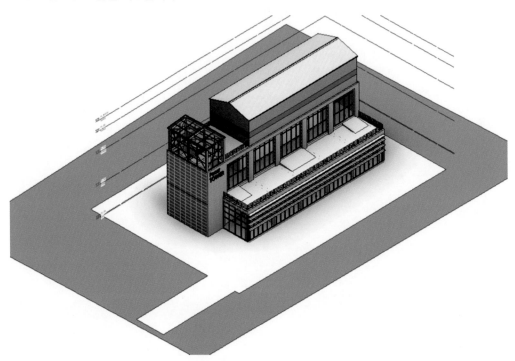

11.6 도면 작성

–   작성된 뷰를 중심으로 도면을 작성합니다.

–   도면은 크게 복제, 치수 기입, 태그 작성 등의 순서로 만듭니다.

[도면 복제]

①   도면화 작업의 첫 번째는 작업 뷰의 복제 입니다. 작업용 뷰와 출력용 뷰를 분리하는 역할을
    합니다. 1층 평면뷰를 우 클릭한 후 복제를 합니다.

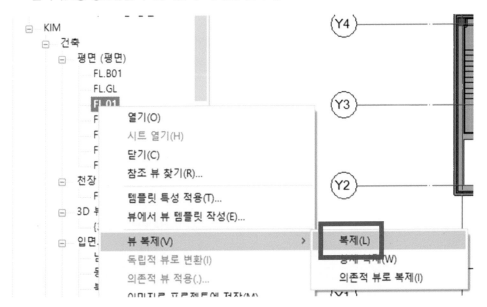

② 실제 출력에 사용할 뷰의 이름을 지정합니다.

③ 작업자 항목을 출력 그룹으로 변경합니다.

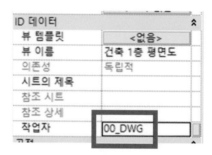

④ 복제가 완료 된 뷰를 열어 비쥬얼 스타일을 은선으로 변경합니다. 실제 출력에서 컬러는 제외합니다.

⑤ 명령어 V V를 입력합니다. 항목에 반영된 색상을 제거합니다.

평면도: 건축 1층 평면도에 대한 가시성/그래픽 재지정

모델 카테고리 주석 카테고리 해석 모델 카테고리 가져온 카테고리 필터

☑ 다음 뷰로 모델 카테고리 표시(S)   카테고리가 선택

필터 리스트(F): <다중>   ⌄

가시성	투영/표면			잘라내기	
	선	패턴	투명도	선	패턴
⊞ ☑ 가구					
⊞ ☑ 가구 시스템					
⊞ ☑ 경사로					
⊞ ☑ 계단					
⊞ ☑ 구조 경로 철근 배근					
⊞ ☑ 구조 기둥	재지정...	재지정...	재지정...	재지정...	
⊞ ☑ 구조 기초					
⊞ ☑ 구조 면적 철근 배근					
☑ 구조 보 시스템					

⑥ 재지정 지우기를 선택해서 색상을 제거합니다.

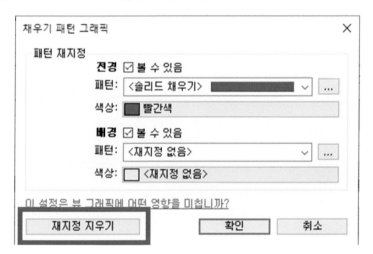

채우기 패턴 그래픽   ✕

패턴 재지정

전경 ☑ 볼 수 있음
패턴: <솔리드 채우기>   ⌄   ...
색상: ▇ 빨간색

배경 ☑ 볼 수 있음
패턴: <재지정 없음>   ⌄   ...
색상: ☐ <재지정 없음>

이 설정은 뷰 그래픽에 어떤 영향을 미칩니까?

[재지정 지우기]   [확인]   [취소]

⑦ 필터를 적용한 부분도 삭제해 줍니다.

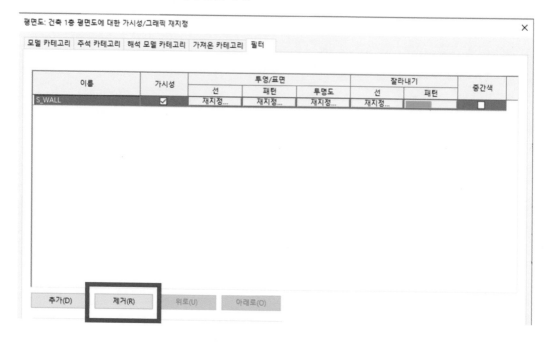

⑧ 주석 탭에서는 출력과 상관없는 항목을 제외합니다. 일반적으로 평면뷰를 작성할 경우 구획, 구획 상자, 입면도, 참조 평면, 콜 아웃은 제외합니다.

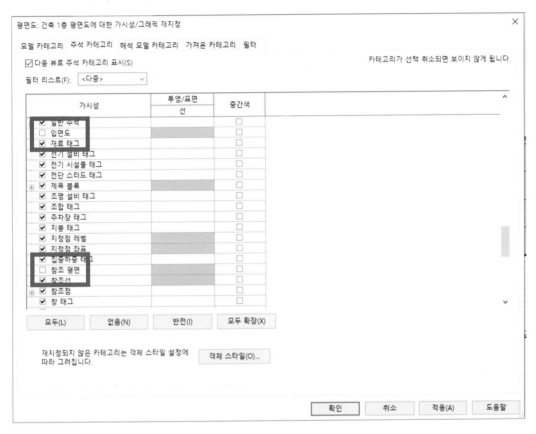

⑨ 작업이 완료되면 확인을 선택해서 명령을 종료합니다.

⑩ 출력 영역은 아래의 기능을 사용합니다. 뷰 자르기와 영역 표시 기능을 선택합니다.

⑪ 도면 영역 바깥의 직사각형을 선택해서 아래와 같이 범위를 줄여 줍니다.

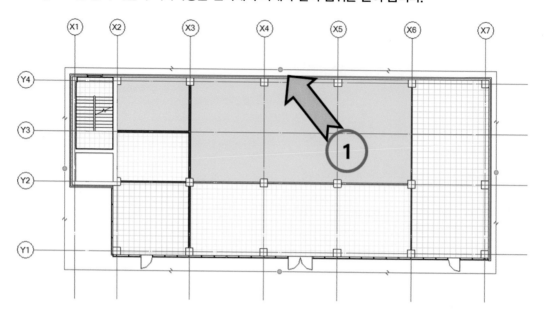

⑫ 작업이 완료되면 자르기 뷰 표시 기능만 꺼줍니다.

[치수 작성]

① 치수 작성은 구조 뷰에서 작성한 방법과 같습니다.

② 주석 탭에서 정렬 치수를 선택합니다.

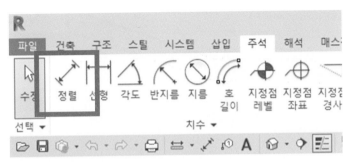

③ 새로운 유형을 작성합니다. 유형 편집을 입력합니다.

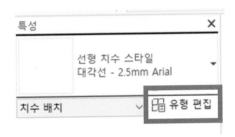

④ 복제를 이용해서 새로운 유형을 만들어 줍니다. 유형 명은 임의로 지정합니다.

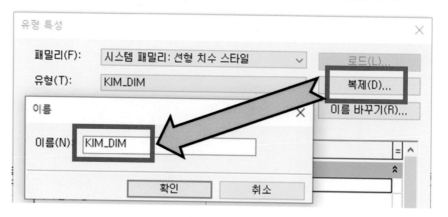

Revit 건축모델링

⑤ 치수 작성 시 수정할 옵션은 요소와 치수 보조선 간격, 치수선 스냅 거리를 수정합니다. 요소와 치수 보조선 간격은 객체와 치수 보조선 사이의 간격을 나타냅니다. 치수선 스냅 거리는 치수선과 치수선 사이의 간격을 뜻합니다.

매개변수	값
그래픽	
치수 문자열 유형	연속
지시선 유형	호
지시선 눈금 마크	없음
문자 이동 시 지시선 표시	원점에서 멀리
눈금 마크	대각선 3mm
선 두께	1
눈금 마크 선 두께	4
치수선 연장	2.4000 mm
반전된 치수선 연장	2.4000 mm
치수 보조선 컨트롤	요소와의 간격
치수 보조선 길이	2.4000 mm
요소와의 치수 보조선 간격	3.0000 mm
치수 보조선 확장	2.4000 mm
치수 보조선 눈금 마크	없음
중심선 기호	없음
중심선 패턴	솔리드
중심선 눈금 마크	기본값
내부 눈금 마크 화면표시	다이내믹
내부 눈금 마크	대각선 3mm
세로좌표 치수 설정	편집...
색상	■ 검은색
치수선 스냅 거리	8.0000 mm

⑥ 문자에서는 문자의 크기와 글꼴을 변경합니다. 문자 크기는 적용해보고 맞지 않다면 수정을 합니다. 글꼴은 특수문자와 한글, 한자 등의 입력 편의를 위해서 맑은 고딕을 선택합니다.

문자	
폭 요소	1.000000
밑줄	☐
기울임	☐
굵기	☐
문자 크기	2.5000 mm
문자 간격띄우기	1.0000 mm
굵기 규칙	위록 다음 선록
문자 글꼴	맑은 고딕
문자 배경	불투명
단위 형식	1235 [mm] (기본값)
대체 단위	없음
대체 단위 형식	1235 [mm]
대체 단위 접두어	
대체 단위 접미어	
개구부 높이 표시	☐
공백 억제	☐

⑦ 아래와 같이 치수 기입을 합니다.

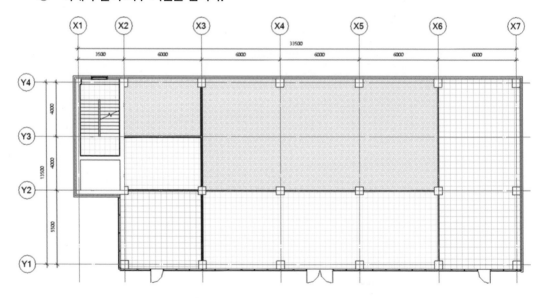

- 룸 태그는 각 실의 번호, 면적, 체적, 이름 등을 빠르게 확인할 수 있도록 영역을 지정하는 작업입니다. 나아가서 실의 임대나 면적 평면도 등의 작업을 진행 할 수 있습니다.

- 룸 태그는 룸 태그 일람표와 같이 작성을 하도록 합니다. 룸 태그 작업 시 구역을 삭제할 경우에는 반드시 일람표를 통해서만 삭제 할 수 있기 때문입니다.

① **일람표를 먼저 작성합니다. 뷰 탭에 있는 일람표 명령을 실행합니다.**

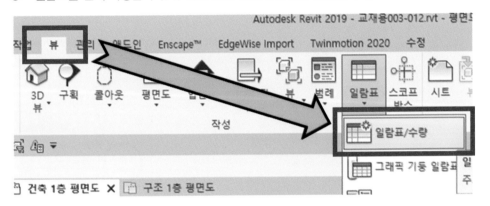

② 룸 일람표를 선택합니다.

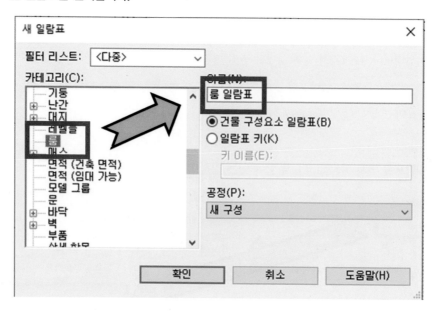

　　Revit 건축모델링

③ 필드는 아래의 이미지를 참고합니다. 예제에서는 번호, 이름, 면적, 체적을 지정했습니다.

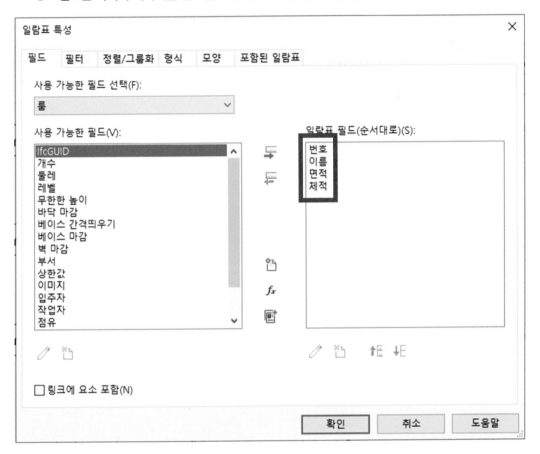

④ 합계 계산이 필요한 경우에는 형식 탭에서 합계가 가능한(값이 숫자로 되어 있는) 필드를 선택한 후 종합 계산을 선택합니다.

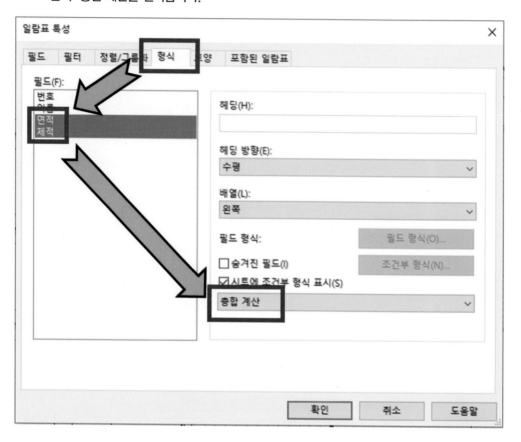

⑤ 아래와 같이 일람표 뷰가 작성이 되면 WT 명령을 사용해서 화면을 두 개로 분할합니다. 일람표 뷰에서 WT 명령이 적용되지 않는 경우는 1층 평면도 뷰를 선택한 후 다시 명령을 적용해 줍니다.

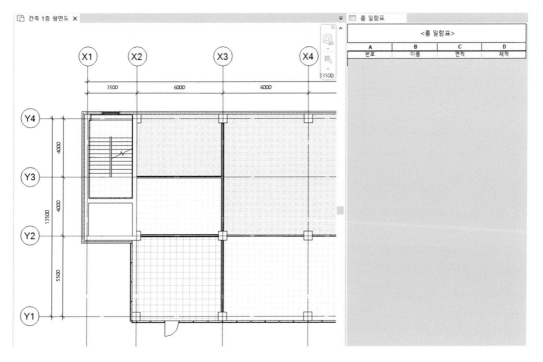

⑥ 룸 명령은 건축 탭에 있습니다. 룸 명령을 실행합니다.

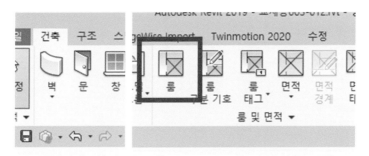

⑦ 1층 평면도 상에서 임의의 지점을 선택합니다.

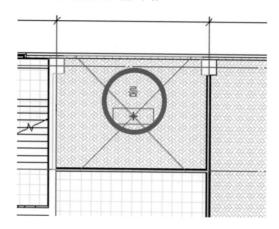

⑧ 룸 태그를 작성한 후 작성 된 태그를 선택해서 유형을 면적이 있는 룸 태그로 변경해줍니다.

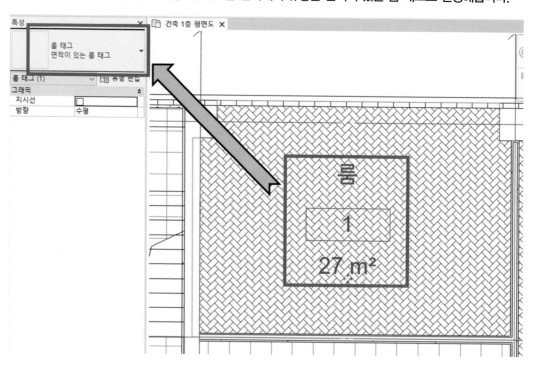

⑨ 일람표에서 정보를 변경하면 작업 뷰에서도 변경이 됩니다. 또 벽이 편집되어 변경이 되면
면적 정보도 일람표에 자동으로 반영이 됩니다.

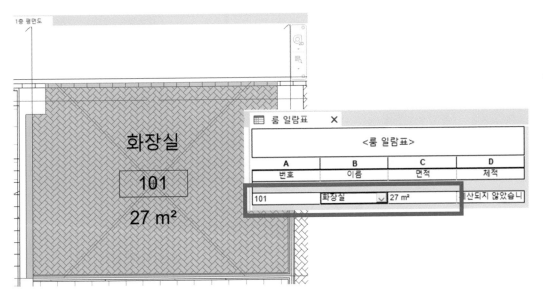

⑩ 룸 태그를 이용해서 나머지 실들에 적용을 시켜봅니다.

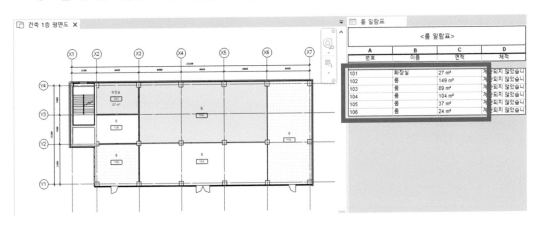

⑪ 룸 태그 삭제는 일람표에서 해당 실을 선택 한 후 행을 삭제해야 모든 정보가 지워집니다. 단순히 선택 삭제해도 정보는 남습니다.

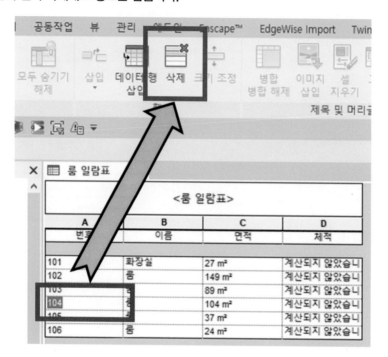

[시트 배치 및 출력]

① 도면에 배치 및 출력은 시트 명령을 사용합니다.

② 도면의 크기를 선택합니다. A1 미터법을 선택하겠습니다.

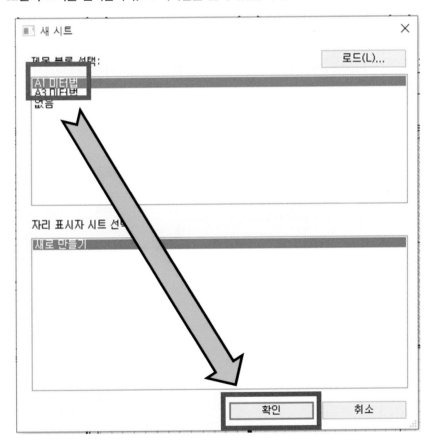

③ 도면에 들어올 뷰를 선택합니다. 뷰 명령을 선택합니다.

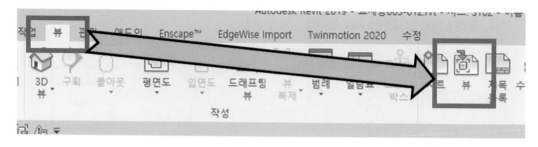

④ 샘플 예제인 건축 1층 평면도 뷰를 선택한 후 시트에 뷰 추가를 선택합니다.

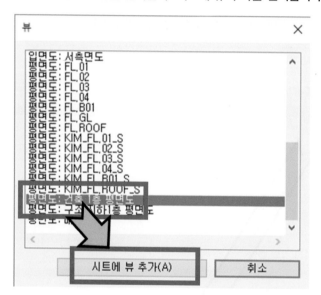

⑤ 적당한 위치에 배치 시킨 후 다른 뷰도 같은 방법을 사용해서 배치 해봅니다. 타이틀 라인의
경우는 해당 뷰를 선택하면 정점을 이용해서 사이즈를 조정할 수 있습니다. 타이틀 블록의 위
치는 선택 객체가 없는 상태에서 제목을 선택 후 드래그를 이용해서 원하는 위치에 둘 수 있습
니다.

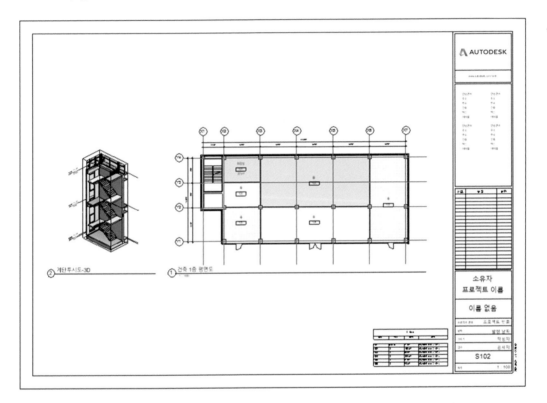

⑥ 출력은 인쇄 명령을 사용합니다.

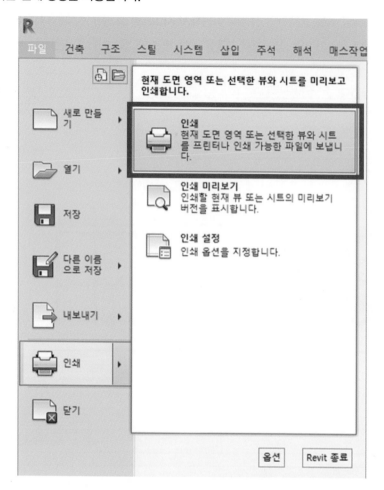

Revit 건축모델링

⑦ 아래의 이미지에서 찾아보기(1)를 이용해서 저장 경로와 파일 이름을 지정할 수 있습니다. 선택된 뷰/시트(2)를 이용하면 한 번에 여러 개의 뷰를 출력 할 수 있습니다. 선택 명령을 통해서 출력할 뷰를 지정할 수 있습니다(3). 설정(4)은 용지와 선의 색상 등의 옵션을 변경할 수 있습니다.

⑧ 저장경로(1)를 지정하고 파일의 이름을 지정할 수 있습니다.

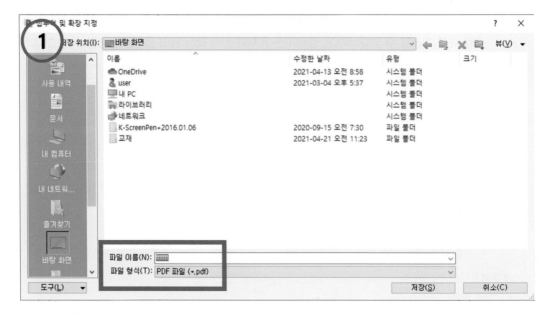

Revit 건축모델링

⑨ (3)번 선택 창은 출력할 뷰나 도면을 한번에 체크해서 출력할 경우에 사용합니다.

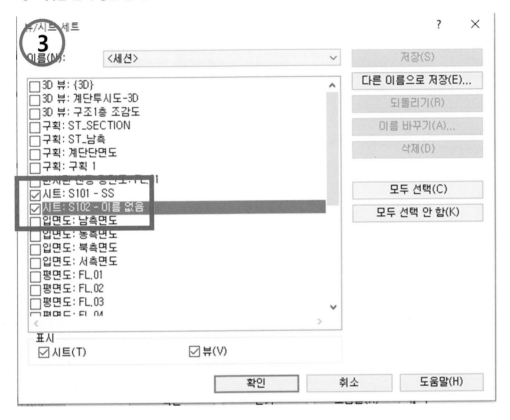

easy BIM (건축마감편) 03

⑩ (4)번 선택 창은 출력 시 사용할 용지 사이즈를 지정하고 선의 색상을 지정할 수 있습니다.

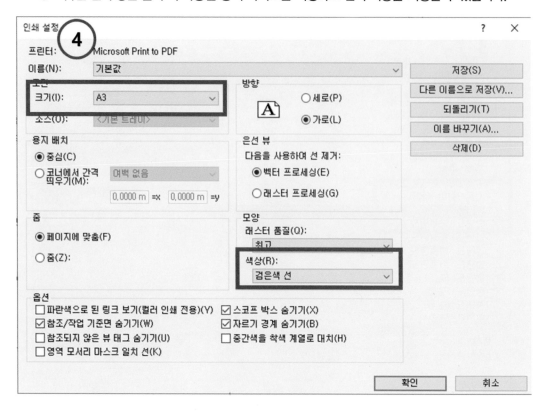

저자 소개 - 김대중(페이서 킴)

CAREER

前 Yunplus Architecture Firm / BIM General Manager.
前 ㈜Green Art School in Gang-nam / NCS BIM A Positive Course
前 ㈜SBS Academy / BIM A Positive Course
前 한국 BIM 아카데미 / BIM A Positive Course
前 ㈜단군소프트 / Autodesk AEC Application Engineer
前 BIM-H, Inc. / BIM 사업부 본부장
前 (주)소프트뱅크커머스 코리아 / Autodesk PSEB Application Engineer

PROJECT EXPERIENCE

BIM Project
- 춘천 NHN 연수원 BIM 구조 모델링
- 순천시 수영장 BIM 모델링
- LH 김해 임대 아파트 BIM 모델링
- 부산 동래역사 BIM 구조 모델링
- GS 파르나스 호텔 커튼 월 구축 지원
- 신성 ENG 설계팀 BIM 교육 및 Family Library 구축
- H 기업 해외 공장 BIM 구축
- H 기업 멕시코 생산 공장 전환 설계
외 다수 프로젝트 참여

BIM 교육
- 건설기술교육원 BIM 양성 과정 강사
- 건설기술교육원 스마트 BIM 과정 강사
- (주)지아이티아카데미, 그린아트 역삼 BIM 국비과정 교육
- 경기도 안산 테크노파크 BIM 교육
- RNB BIM 과정 운영 및 강의
- 한국 BIM 아카데미 전임 강사
- 광주광역시 건축사 Revit 전문가 과정 교육 진행
- 삼성물산 BIM 기술, 교육 지원
- 창원 LG전자 Revit MEP Family 구축 및 교육
- LG 전자 중국 법인 사용자 BIM 교육

설계
- 전남 순천 까르푸 실시 설계 참여
- 전남 순천 성가롤로병원 실시 설계 참여
- 드림 씨티 리모델링 기획 설계
- 호텔 렉스 기획 및 설계
- 뉴 서울호텔 객실 리모델링 기획 및 설계
- 여수엑스포 홍보관 리모델링
- 여수국사산단내 금호 정밀 화학 본관동 리모델링
- 여수국가산단내 LG화학 내 휴게실 및 사무실 리모델링

기타 교육
- E4 AutoCAD 전임 강사
- 그린디자인아트스쿨 AutoCAD 강사
- 더 조은 컴퓨터 아트스쿨 AutoCAD 강사
- KCC 여주공장 AutoCAD 전문가 과정 교육
- 철도청 AutoCAD 교육
- 울산 삼성 중공업 AutoCAD 교육
전남 건축사 협회상 수상

easy BIM (건축마감편) 03

Revit 건축모델링

초판 1쇄 인쇄	2021년 7월 20일
초판 1쇄 발행	2021년 7월 27일

지은이	김대중
펴낸이	김호석
펴낸곳	도서출판 대가
편집부	박은주
경영관리	박미경
마케팅	오중환
관리	김경혜

주소	경기도 고양시 일산동구 장항동 776-1 로데오메탈릭타워 405호
전화	02) 305-0210
팩스	031) 905-0221
전자우편	dga1023@hanmail.net
홈페이지	www.bookdaega.com

ISBN	978-89-6285-280-6 13540